课题项目资助代码：110052972027/156

城市修复与更新

地震遗址遗迹
景观保护规划及展示利用

周 雅 著

东华大学出版社

目　录

第一章　研究缘起

1.1 课题研究的背景与现状

1.1.1 研究的背景

2008 年 5 月 12 日 14 时 28 分，中国四川汶川遭遇八级地震。在那只有三分钟的时间里，六万余同胞遇难，三十余万人受伤，数百万人流离失所，无数家园瞬成废墟，无数亲人生离死别，无数孩子成为孤儿……对于灾区的很多地区而言，地震之前的优美风景不会重现。地震给我们带来了不少地震遗址遗迹——"别样景观"，这些遗址遗迹是具有很强纪念意义与教育价值的"别样景观"，为我们保护与展示地震遗址遗迹景观提供了可能性。

从 20 世纪末到 21 世纪初，我国的遗址遗迹保护规划与展示进入了飞速发展的时期，遗址遗迹保护规划与展示无论在内容上还是在形式上正发生着巨大的变化。然而，针对遗址遗迹景观保护规划与展示这一领域的研究还很少，而对地震遗址遗迹景观保护规划与展示的研究又是少之又少。传统的遗址遗迹景观保护规划与展示理论和方法已经不能很好地适应和满足当前地震遗址遗迹景观保护规划与展示的要求，需要扩充与拓展。因此，本书希望以地震遗址遗迹景观保护规划与展示为题，研究这一领域的独特理论和方法。

通过这一研究，有望为以后地震遗址遗迹景观保护规划与展示建设工作提供指导，从而更好地营造一个缅怀逝者的场所，营造一处记录历史的场地，营造一处接受地震知识教育的课堂⋯⋯此研究对于追忆历史、凝聚人心和提高防灾意识具有重要价值。

1.1.2 国内外研究现状

1. 国内外相关实例

国内外关于地震遗址遗迹景观规划的实例很少，主要有以下案例。

国内：

（1）中国台湾9·21地震教育园区

1999年9月21日中国台湾南投发生7.6级大地震，造成2321人死亡及8000多人受伤。当地将临近南投县同样受灾的台中县雾峰乡一中学操场改建为"9·21地震教育园区"，2001年开工，2004年竣工，2004年9月21日正式对外开放。

该园区将大自然灾害的地理景观转换为社会记忆的人文景观，主要有车笼埔断层保存馆、影像馆，还有室外地震遗址操场等，从而构成地震纪念性景观。断层保存馆内的展示包括全球板块、地震带分布、地球内部及地体构造等模型，清楚地展示地震发生的原因及地层错动的模式。原中学操场及跑道上的地表抬升、错动及记录断层活动的地层剖面，也在断层保存馆内原貌呈现，成为自然科学最真实及珍贵的活教材。影像馆集结了昔日9·21地震的种种图像以及影音资料，从人文社会与历史记录的角度，真实地呈现9·21地震在人们心中所留下的记忆。

（2）中国唐山地震纪念景观规划

1976年唐山大地震发生后，唐山瞬间成为一片废墟，人们流离失所。为了让人们记住这一刻，1986年唐山抗震纪念馆建成，2006年为纪念抗震30周年，重新改造后开放。

2007年5月，唐山市政府有关部门宣布，将在40公顷地震遗址上建设地震遗址纪念公园。唐山市地震纪念公园划分成4个区：遗址区、水区、碎石广场、树林区。此地震纪念园区的设计宗旨是"对自然的敬畏、对生命的关爱、对科学的探索、对历史的追忆"。

（3）广元市青川县东河口地震遗址公园

此遗址公园展示了地震造成的崩塌、地裂、隆起、断层、褶皱等多种地质破坏形态。而山体运动造成的滑坡和泥石流还形成了石板沟、东河口、红石河等36个形态各异、五光十色、美轮美奂的堰塞湖。在四川汶川地震波传递过程中瞬间定格为"W"形的彭州小鱼洞大桥，也将作为地震遗址公园永久保留下来。桥头矗立起了一座特别的"5·12"纪念碑。

国外：

（4）日本阪神·淡路大地震纪念馆及神户港震灾纪念公园

1995年1月17日发生的阪神大地震前所未有地冲击了日本原有的地震防灾体系，这是日本在第二次世界大战后遭遇的最大一场灾难。为了纪念这场灾难，2002年日本在神户市中央区建成了阪神·淡路大地震纪念馆——可以抵御10级地震的大型建筑"人和防灾未来中心"和神户港震灾纪念公园。

神户港震灾纪念公园位于日本兵库县神户市中央区码头美利坚公园东端。阪神地震中，神户港遭到严重破坏。在灾后重建中，将码头约60米长的一段按震灾破坏状态原封不动地保存，以激励、警示后人。震灾纪念园除毁坏码头原状外，还有神户港震灾纪念碑、介绍神户港震灾情况和恢复重建过程的展览橱窗等。

（5）北淡町震灾纪念公园

此地震纪念公园位于日本淡路岛西北端，完整地保存着地震发生时地貌变化的情况：支离破碎的地面、强烈震波引起的断层、扭曲变形的墙壁、从高速路上摔落的卡车，所有一切都在向参观者讲述着那场自然灾害给人类带来的恐惧。在公园内的宣传板上，简单的文字和绘画讲解了发生地震时人们应该采取的行动，让每一个参观者在感受地震带来的伤痛之余，树立起危机和防灾意识，并学会应对方法。

景观规划与建筑是密切相连的，除了以上几个地震纪念公园景观保护规划与展示，还有一些地震博物馆分布在世界各地，如日本关东地震灾害纪念馆、马其顿地震博物馆、新西兰纳皮尔霍克湾博物馆、委内瑞拉加拉加斯地震博物馆等，这些国内外的地震遗址遗迹纪念公园与地震博物馆为本研究提供了宝贵的参考资料。

2. 国内外理论研究现状

总体而言，国内外在这一领域的研究较少，不够系统。

国内的相关研究基本散见于建筑、景观等专业杂志。如陈春艳在 *Manager' Journal* 杂志发表的《北川灾后重建开发地震遗址旅游的必要性分析》；杜晓辉等人在《新建筑》上发表的《汶川地震遗址保护与可持续发展策略研究》；杨方琳在《经济视角》上发表的《四川地震遗址"黑色旅游"资源探析》；陈龙等人在《山西建筑》上发表的《唐山市地震遗址的生态保护与利用方法研究》；李晓江等人在《城市规划》上发表的《回望生命的光辉——北川地震遗址博物馆及震灾纪念地规划的思考》；范晓在《西部广播电视》杂志上发表的《5·12地震遗址遗迹的保护与公园群落的建立》；翟峰在《城市环境设计》杂志发表的《纪念之路：唐山地震遗址纪念公园概念设计》，等等。这些文章中提到对地震遗址遗迹的保护与地震遗址遗迹的研究方法的探讨，但是并不系统。遗址遗迹保护方面如王军在《中国文物报》杂志上发表的《他山之石：日本的遗址公园》；苏伯民在《中国文化遗产》上发表的《国外遗址保护发展状况和趋势》；《中国旅游报》中林永匡发表的《遗产保护必须走创新之路》；《北京大学学报》中陈耀华等人发表的《中国世界遗产保护与利用研究》；《中国园林》中檀馨的《元土城遗址公园的设计》等，对地震遗址遗迹景观保护规划与展示具有很大的借鉴价值。相关著作方面，并没有直接关于地震遗址遗迹景观保护规划与展示的书籍，只是零散地在相关书籍中有所涉及，如中国科学技术出版社出版的《唐山大地震震后救援与恢复重建》和中国台湾出版社出版的《灾害管理与九二一灾后重建》等。

此外，日本大阪艺术大学环境规划系的清水正之在《城市规划》上发表了文章《公园绿地与阪神·淡路大地震》，这篇文章主要将地震与公园的绿地系统规划的联系进行结合研究，对本书的地震规划研究具有指导价值。

总体来说，现阶段国内外关于地震遗址遗迹景观保护规划与展示理论的研究尚不完善，但已经具有了一些相关的成果，为本研究奠定了较为良好的基础。

1.2 研究的目的与意义

1.2.1 研究的目的

此次研究的目的主要有二：一、补充和完善遗址遗迹景观保护规划与展示方面的理论和方法，梳理总结已有的地震遗址遗迹景观保护规划与展示经验；二、通过对汶川地震遗址遗迹景观保护规划与展示的分析，结合地震遗址遗迹景观保护规划与展示理论提出建议。

1.2.2 研究的意义

"纪念物是人类最高文化需求的表现，它们必须能满足人把自己的集合力量转化为象征的永久需要。最有生命力的纪念物是那些最能表现这种集合力量——人民的感受与思想的作品。"[1]

[1] K. 弗兰姆普敦. 现代建筑——一部批判的历史 [M]. 原山，等译. 北京：中国建筑工业出版社，2000.

虽然 K. 弗兰姆普敦所阐述的是建筑，但是把其运用到地震遗址遗迹景观的保护规划与展示中来也非常合适。地震遗址遗迹景观保护规划就是要以景观规划的方式把地震的瞬间变为永恒，使得地震的遗址遗迹成为最有生命力的记载，触动人们的心灵，产生思想上的共鸣。

本书的研究意义主要在于：

1. 社会意义

大地震过后，地震的发生地顷刻间变为废墟，地震遗址遗迹景观的营造遵循对历史、文化传承与保护的原则，使得当地的地域文化遗产得以保留与发扬。彰显、保留、传承本地区和民族的文化特色与历史，正是地震遗址遗迹景观以自身强大表现力对所处社会的巨大贡献，这是本次研究的社会意义。

2. 教育意义

（1）"历史"的记录教育意义

地震遗址遗迹景观保护规划是对 "历史"的记录。地震遗址遗迹景观保护规划是将地震的瞬间变成永恒，回顾并记录下地震在历史遗迹上发生的事，反映事件过程的这种心理产生了以"客观再现"为目的的一类遗址遗迹纪念景观保护规划，它在艺术上"是一种有限度的表达"，具有一定选择性和倾向性，不像艺术性很强的景观规划可以随设计师的想象自由发挥。地震遗址遗迹景观保护规划与展示主要要记录和尊重客观事实，以客观的地震遗址遗迹为依托。

地震遗址遗迹景观保护规划与展示记载了地震给人类所带

来的沉痛的灾难场面、在地震来临时人们所体现的英勇抗震的精神和举国上下互助的感人事迹等，也是其所着意表达的主题，这些地震所带来的历史的遗迹将载入人类的"精神档案"。无尽的哀思和对地震时的回忆只有通过参观者对空间的体会才能得到升华，地震遗址遗迹景观保护规划与展示没有片面地停留在对历史的简单回顾上，参观者通过感受空间，产生联想，与设计者共同完成精神纪念活动。

地震遗址遗迹景观保护规划与展示并不是专意纪念某个人物或者事件，而是出于对某个历史年代的怀念，对地震某一场地和地震某一场景中所代表的"历史"的重新演绎，更有甚者形成了一个城市整体的纪念格局。

（2）对"现在"的教育意义

地震遗址遗迹景观保护规划与展示是对地震遗址遗迹的保护和发挥地震遗址作用，让现代人接受地震知识教育的场所。地震遗址遗迹景观规划对"现在"的教育意义在于：地震原址遗迹的保留如地震断裂带的保留、建筑等构筑物的保留与维护、次生灾害的展示等，是世人普及地震有关知识生动的"教科书"；地震遗址遗迹景观是让世人参与并学习地震的预防、地震来临时的逃生等相关知识的受教育场地。

（3）对"未来"的启示意义

地震遗址遗迹景观不但让参观者了解历史，引起他们感情的共鸣，而且引发参观者的理性思考，最终升华为价值观与道德观的潜移默化，形成人们对未来的启示。地震遗址遗迹景观保护规划对未来的启示是对于"永恒"的追求、大自然生态环境的珍惜与爱护、抗震精神、人们面对自然灾害时的互助的大爱精神的再现。

随着人类走向文明，精神内容逐渐增多，人们纪念的目的不光是为了满足生存的需要，而更多的是一种精神上的依托。地震遗址遗迹景观保护规划是人们在对自然现象无奈的情况下，追求心灵上的慰藉，有意识地寻找一种归属感。

3.经济意义

（1）地区间经济发展

对地震遗址遗迹景观保护规划的选址，在尊重地震遗址遗迹的前提下，首先要考虑地区间经济的协调发展，以地震遗址遗迹景观旅游业拉动当地经济与周边经济的提升，促进地区间经济和谐发展。

（2）当地经济发展

地震遗址遗迹景观规划所带来的旅游业是发展当地旅游经济、提高就业率、增加当地居民收入强有效的手段。地震给人们的生活、经济造成巨大的损失，虽然在党和国家的大力支持下，在全国各地人民群众的支援下，灾区的重建工作在逐步进行，但是，要使灾区重建工作朝更快、更有效、更和谐的方向发展，加快灾区社会经济的恢复与产业结构的升级， 地震遗址遗迹景观所带来的旅游业使灾区人民从旅游发展中受益。

4.对学术研究的进一步补充

地震遗址遗迹景观保护规划与展示研究欠缺，且并不系统，传统意义上的遗址遗迹景观保护规划无论从保护与展示方法、构成要素，还是规划内容上，都不能满足当前地震遗址遗迹景观保护规划的需求。本研究对地震遗址遗迹景观保护规划与展示，在理论上具有补充与梳理的作用，在实践上具有将其理论运用到汶川地震遗址遗迹景观保护规划与展示的实际意义。

1.3 研究的特色

从研究内容上讲，地震遗址遗迹景观保护规划与展示是一个全新的领域，目前的研究处于探索状态。从研究角度上讲，此次地震遗址遗迹景观保护规划与展示的研究是一项综合研究，综合了许多学科，如景观保护规划设计、建筑学、美学、生态学等，但最终又是从景观保护规划学的角度，从宏观角度研究地震遗址遗迹。

第二章

地震遗址遗迹景观概念界定
及相关范畴

2.1 地震遗址遗迹景观概念界定

2.1.1 地震

地震（earthquake）是地球内部缓慢积累的能量突然释放引起的地球表层的震动。当地球内部在运动中积累的能量对地壳产生的巨大压力超过岩层所能承受的限度时，岩层便会突然发生断裂或错位，使积累的能量急剧地释放出来，并以地震波的形式向四面八方传播，就形成了地震。一次强烈地震过后往往伴随着一系列较小的余震。[1]

地震分为天然地震和人工地震两大类。天然地震主要是构造地震，它是由于地下深处岩石破裂、错动，把长期积累起来的能量急剧释放出来，以地震波的形式传播出去，在地面引起的房摇

[1]《百科词典》。

24

地动。构造地震约占地震总数的 90% 以上。其次是由火山喷发引起的地震，称为火山地震，约占地震总数的 7%。此外，某些特殊情况下也会产生地震，如岩洞崩塌（陷落地震）、大陨石冲击地面（陨石冲击地震）等。人工地震是由人为活动引起的地震，如工业爆破、地下核爆炸造成的振动；在深井中进行高压注水以及大水库蓄水后增加了地壳的压力，有时也会诱发地震。

2.1.2 遗址遗迹概念辨析

我国近年来对于文物等场地遗址遗迹保护工作越来越重视，"遗址遗迹"也越来越多地出现在各类书籍中和媒体上。由于侧重点不同，对于遗址遗迹概念的解释也存在着明显的差异。遗址遗迹是地震遗址遗迹景观保护规划的核心景观，因此明晰遗址遗迹所涉及的范畴，厘清遗址遗迹概念的内涵和外延至关重要。对此，本文通过对与遗址遗迹相关概念的辨析对比，以求得更明确的遗址遗迹含义。

（1）遗址

遗址在《辞海》中的解释是指"古代人类活动中遗留下来的城堡、村落、住室、作坊和寺庙等遗址"。2005 年，《国际古迹遗址理事会章程》将遗址概念定义为"包括一切地貌的风景和地区，人工制品或自然与人工的合制品，包括在考古、历史、美学、人类学或人种学方面具有价值的历史公园与园林"。联合国教科文组织属下的世界遗产委员会将其定义为"从历史、审美、人种学或人类学角度看具有突出的普遍价值的人类工程或自然与人联合工程以及考古地址等地方"。[1]综述以上定义，虽然对遗址定义的释义中在侧重点和描述上有所差别，但都具有以下共同特征：①历史性。特定历史时代下的产物，是某一历史发展在当今社会形态中的实体反映，是历史发展轴线延续的实物载体。②不可移动性。遗址这一词汇中的"遗"代表着其历史性，"址"则代表着其不可移动性。遗址主要是承载人类活动所需要的实体场所，因此具有不可移动的属性。③价值性。并非所有历史的、不可移动的场地都可称之为遗址，遗址还必须强调其价值性。遗址必须在科学、艺术、审美、教育等方面具有积极的现实或未来价值，是人类遗留的宝贵的历史财富，是人类物质文明和精神文明发展的反映。④人工性。遗址大多数指人类活动遗留下的历史痕迹，主要反映人类在某一历史时期生产生活、文化艺术、社会等多方面水平的人工构筑物或人类活动痕迹。因此，遗址主要强调其人工属性。

（2）遗迹

《现代汉语词典》对遗迹的定义为"古代或旧时代的事物遗留下来的痕迹"。遗迹概念与遗址概念相比较，区别在于遗迹既包括人工活动，又包括自然活动，但遗迹更为偏重于自然的活动。遗迹的特点亦具有遗址所总结的几点：历史性、不可移动性、价值性，但是遗迹与遗址相比人工性相对较弱，所以遗迹最大的特

---

[1] 世界知识出版社本社 . 世界文化与自然遗产 [M]. 北京 : 世界知识出版社，1992.

点就是具有自然属性。

（3）文化遗产

《保护世界文化和自然遗产公约》对文化遗产的概念进行了规定："它包括纪念物（Monunments）、建筑物的群组（Groups of Buildings）和历史地段（Historic Sites）三个部分。""纪念物"：从历史的、艺术的或科学的角度看，具有突出的、普遍的价值的建筑作品、纪念性的雕刻和绘画作品，具有考古价值的构造物、碑刻、洞窟和各种遗迹；"建筑物"：分散的或者互相联系的建筑群。这些建筑物，由于它们的建筑艺术、它们的一致性（Homogeneity）或它们在风景环境中的位置而具有突出的、普遍的历史、艺术或科学价值；"历史地段"：从历史、美学、古人类学或文化人类学角度看，具有突出的、普遍价值的人工工程或人力与自然合成的工程以及如考古现场等区域。[1]文化遗产概念内涵不仅包括物质文化遗产，还包括非物质文化遗产；不仅包括文物本体，同时还包括文物所依托的历史环境。

2.1.3 景观

"景观"一词在牛津词典的解释为"大地某一地区的景色"。"景观"早期原本常用于指自然界的景观，然而，随着时代的进步，人类文明的发展，"景观"的含义早已远远超出最初的范畴并在

---

[1] 保护世界文化和自然遗产公约. 联合国教科文组织.1972.

不断地拓展与延伸，它不再仅仅指自然景观，而是包括了日益丰富的人工景观。也可以说，景观包括自然景观与文化景观，以及自然景观向文化景观渐变的过程。[1]

综合以上的定义可以得出，景观主要是指"外部空间"，大自然本身赋予的或人工创作的，它是一个区域环境的综合。俞孔坚在其《景观的含义》一文中指出景观（Landscape）是指土地及土地上的空间和物体所构成的综合体。它是复杂的自然过程和人类活动在大地上的烙印。景观是多种功能（过程）的载体，景观是需要科学分析方能被理解的物质系统；景观是反映社会伦理、

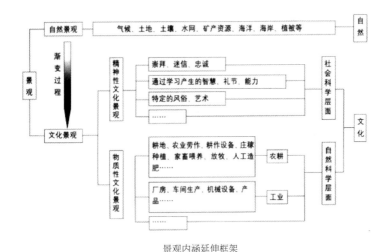

景观内涵延伸框架

[1] Jian Qiu.Old and New Buildings in Chinese Cultural National Parks: Values and Perceptions with Particular Reference to the Mount Emei Buildings [D].The University of Sheffield,PhD Thesis,1997.

道德和价值观念的意识形态，景观是历史。因而，其可从多角度理解和表现为：①栖居地，人类生活其中的空间和环境；②生态系统，一个具有结构和功能、具有内在和外在联系的有机系统；③符号，一种记载人类过去、表达希望与理想，赖以认同和寄托的语言和精神空间。

2.1.4 地震遗址遗迹景观

由以上对地震和遗址、遗迹、景观等概念的辨析，本书作者试对地震遗址遗迹景观的内容进行释义。地震遗址遗迹景观是地球内部缓慢积累的能量突然释放引起的地球表层的震动之后的遗迹和人类为了纪念、教育等所形成的具有纪念性的遗址景观，是自然景观向文化景观渐变的过程，具有自然与文化双重性，是宝贵的历史文化遗产并对现实和未来具有重要的研究、纪念和教育价值。

2.2 相关概念辨析

2.2.1 场所精神

著名挪威城市建筑学家诺伯舒兹（Christian Norber-Schulz）曾在 1979 年，提出了"场所精神"的概念："场所精神"（genius loci）是古罗马的想法。根据古罗马人的信仰，每一种"独立"存在的本体都有自己的灵魂（genius），守护神灵（guaraian spirit）这种灵魂赋予人和场所生命，自生至死伴随人和场所，同时决定了其特性和本质。[1] 也就是说场所具有"灵魂"，这个"灵魂"就是场所所独有的特性，人们对这种特性产生的认同感、归属感即为"场所精神"。 场所精神可以理解为人对场所所包含的人文思想和情感的提取和注入，是人与场地（包括人与自然、人与历史变迁和现代这两方面）之间存在某种心灵、

---

[1] 诺伯舒兹.场所精神——迈向建筑现象学 [M].施植明，译.台北：田园城市文化事业有限公司，1986.

情感方面的感应。场所精神是一个场所的象征和灵魂，它能使人区别场所与场所之间的差异，能使人唤起对一个地方的记忆。场所精神由场景、展示对象及人组成。

（1）场景

场景是场所精神开端的最初条件，它提供给展示对象必要的物质环境条件，同时提供给人们联想、想象的精神空间。场景这个大而复杂的系统可以分为物质因素和精神因素两部分。物质因素包括地质状况、等高线、地下水位、气流、温度、湿度、植物、岩石、水域等；精神因素包括人们的生活方式、文化氛围、民族风情等。这些多种元素及其相互关系与变化共同存在于场景之中，成为展示对象和人所处的大环境。

（2）展示对象

展示对象因为得到场景的赠予而产生，由于展示对象的出现才使得场景中处于游离状态的各种因素结合起来而共同被揭示，通过展示对象这些因素的重要性才得以论证。人正是通过对展示对象的种种表现才得以感知场景的种种特征。没有展示对象，就没有人对场所精神而渐渐意识到的存在，而没有这种意识到的存在场景，于是就得不到存在着的意识，因此展示对象是联系场景与人的纽带。事实上，场景和人在相互碰面时因为不经意性而短暂、肤浅地划过，更谈不上成为场所，所以正是展示对象出现于场景中，场所空间才可能伴随产生，人对场所空间精神的感知是从认识展示对象开始的，展示对象传递场所精神，弥漫于场所空间，到达场景，从而在反反复复的感知回合中，人得到被场所感应的认同感。

（3）人

人通过感觉客观存在的展示对象实体，得到场景所涵带的各种信息，在脑中产生知觉从而把握住场所精神的本质。人得到展示对象的赠予，产生了感知，由此场景与展示对象才有了必然性。人将感知反作用于展示对象与场景使它们联系，赋予场所精神的内涵，由此场所才有了必然性。

场所精神是人与环境、展示对象相互作用的产物，它包含发生在某个地方的人们所有的行动和经历。人们依据自身的特殊目的而创造了场所，所以场所都有其特定的范围。因此，活动也只有发生在特定的场所才体现出其意义，而场所的特性又赋予其某种色彩，而形成场所精神。在场所中，我们体验了生命中一些有意义的事情，同时场所也是我们占有环境（包括物质占有和精神占有）进行自我取向的出发点。

2.2.2 黑色旅游

"黑色旅游"不是新生事物，它可以追溯到欧洲中世纪朝圣者前往宗教殉难地的旅行。[1]近千年来，中外探险者、旅游者已从中发现并真切感受到了黑色旅游资源所蕴含的"自然美""残缺美"和"悲壮美"。

---

[1] Foley M, Lennon J. JFK and Dark Tourism: Heart of Darkness [J]. Journal of International Heritage Studies, 1996(2).

（1）概念

1996年，哥拉斯哥苏格兰大学的马尔科姆·福利（Malcolm Foley）和约翰·伦农（John Lennon）首次提出"黑色旅游"（Dark Tourism）概念；2000年，他们再次合作出版了《黑色旅游：死亡与灾难的吸引力》一书，他们认为：黑色旅游就是造访悲剧遗址，或者是参观与历史有关的战场和刑场遗址的行为。[1]福利和伦农所提出的"黑色旅游"偏重于人为灾害遗址，随着人们对"黑色旅游认识的加深，大自然的威力造成的灾害遗址遗迹地也成为"黑色旅游"内容的另一重要方面。笔者认为"黑色旅游"的概念较为全面的是："旅游者通过对灾难发生地的旅游景点或模拟构造的灾难场景进行游览和体验，了解灾难的过程以及相关知识，并适当地获得经济、生态、社会效益的一种旅游活动。"[2]

（2）"黑色旅游"构成

主体：人。主体可分为当地居民、旅游者、旅游规划人员等。

客体：被感知的对象——旅游地。旅游地是指含有若干共性

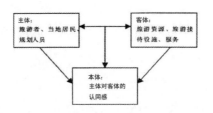

"黑色旅游"构成图示（来源：作者绘）

[1] Lennon J, and Foley M, Dark Tourism: The Attraction of Death andDisaster[M]. London: Continuum, 2000.

[2] 杨方琳. 四川地震遗址"黑色旅游"资源探析 [J]. 经济视角（下），2009（6）.

特征的旅游景点与旅游接待设施所组成的地域综合体，不仅包括旅游资源，还包括为旅游者实现旅游目的所不可缺少的各种基础服务设施。

本体：主体旅游者人脑对客体旅游地信息的处理形成对旅游地的认同感。

（3）主体对"黑色旅游"的目的

主体对"黑色旅游"的目的具有差异性，以表格方式展示出来（表2-1）。

（4）"黑色旅游"意义

除了以上表格中所描述的了解历史、教育、纪念等意义外，"黑色旅游"还具有以下意义：不可替代和稀缺性，任何一次灾难带来的损失和伤痛记忆，都不可能出现相同的结果。不管是人为的或是大自然的灾难所造成的旅游资源是不可替代的，如地震资源的地理构架、地貌特征的变化对人形成的冲击是不可替代的；宏观调控性，"黑色旅游"资源在开发过程中，必须依靠政府强大的宏观调控力量，实现政府从资源的保护、遗址遗迹的选址，到资金的投入、舆论导向以及宣传营销、景区管理等整个流程的全面参与、调控，引导"黑色旅游"活动的健康发展，并能适当地获得经济、生态、社会等效益。

挖掘汶川地震灾害的黑色旅游资源以发展"黑色旅游"，既可以使灾区重建工作朝更快、更有效、更和谐的方向进行，也可以加快灾区社会经济的恢复与产业结构的升级，并使灾区人民从旅游发展中受益。

表2-1 主体对"黑色旅游"目的差异性

黑色旅游目的	意 义	当地居民	临近省份游客	其他省份游客	国外游客
继承和认同	灾难事件的幸存者或亡者亲属后代乃至拥护者为寻求精神继承或身份认同而前往这些死亡和灾难事件的发生地或其他相关地点旅游	△	△	△	
了解历史	出于更多地了解历史的目的而前往某些遗址遗迹或者其他与灾难相关的历史性纪念地旅游	△	△	△	△
好奇心	对死亡及灾难事件的好奇心以及求新求异的渴望		△	△	△
缅怀之情	出于缅怀祖先的目的而前往灾难历史相关的墓地、遗址、遗迹等地旅游	△	△	△	
教育	向旅游者提供历史、文化、科学等多方面的知识	△	△	△	△
纪念	人类的纪念活动连接着社会发展的过去与未来，通过对黑色旅游景点所反映的人类发展史的纪念可以更深刻地思考人类的过去与未来	△	△	△	△
遗留物	各种与死亡、灾难等事件相关的文物遗存往往会对人类发展史有很大的研究价值	△	△	△	△
更多地了解死亡	人类对死亡的了解更多的是来自各种社会符号，进行黑色旅游正是基于人们希望更多地了解死亡，对人生意义、哲学的反思		△	△	△
赎罪	受到良心谴责的人回到故地进行赎罪	△			

（来源：作者根据曾献君等的《基于感应认知原理的汶川灾区黑色旅游资源开发探讨》一文整理编绘）

2.3 地震遗址遗迹景观保护规划分类

笔者根据将近一年在四川省建设厅与省规划院的实践工作总结和对已存有的地震遗址遗迹景观保护规划的实地调研，将地震遗址遗迹景观保护规划从内容与功能上和选址位置与区域上进行分类。

2.3.1 从内容与功能上分类

地震遗址遗迹景观保护规划从内容与功能上分大致可以分为：地震发生地遗址遗迹展示、纪念设施的营造和服务设施的营造三类。

（1）地震发生地遗址遗迹展示，主要是展示地震发生时的原貌，可以分为两大类：建筑物、构筑物等由于地震的威力使其变形错位所留下的遗址与地震对大自然所造成的灾害，如山体滑坡、泥石流、堰塞湖等的遗迹。

（2）纪念设施的营造。纪念设施以纪念教育为主要目的，其包括地震纪念馆（陈列地震逝去人的遗物、观摩"地震精神"照片、展示地质构造、体验模拟地震实感、科普地震知识等），如中国台湾9·21地震教育园区的车笼埔断层展示馆（图2-1）与跑道活化而成的成果馆（图2-2）和9·21地震教育影像馆（图2-8）；纪念碑；纪念墙（镌刻逝去人们的姓名以作纪念），如

图2-1
中国台湾9·21
地震教育园区的
车笼埔断层展示
馆（来源：邱建
拍摄）

图2-2
中国台湾9·21
跑道活化而成的
成果馆（来源：
邱建拍摄）

图 2-3 唐山遗址公园纪念墙
（来源：作者调研拍摄）

唐山遗址公园（图 2-3）、陵园墓地，以及具有非常重要纪念价值的纪念地等。

（3）服务设施的营造。服务设施的营造是地震遗址遗迹景观保护规划旅游业的附属设施，但却是必不可少的内容。服务设施可以推动地震遗址遗迹景观商品旅游业更好地发展。服务设施的营造包括地震纪念品商店、餐饮业、后勤服务设施、垃圾环卫设施等。

2.3.2 从选址位置与区域上分类

地震遗址遗迹景观保护规划从选址位置与区域上大致可分为原址营造和迁址营造两类。

1. 原址营造

原址营造大致又可分为：断裂带上营造、围绕建筑物等构筑物营造、次生灾害展示营造、纪念设施营造、服务设施营造。

（1）断裂带上营造

断裂带与断裂层由断层错动、地表隆起等因素造成，是具有研究及教育意义的震后现况的活教材。断裂带上营造属于对地震之后的断层进行保护，使其将断裂带与断裂层展示在参观者的面前。在对震后遗迹的处理上坚持原真性的原则，本应对断裂带与断裂层进行"原封不动"的保护，但是由于震后的大地在风吹日晒雨打后，如不加任何处理遗址遗迹终会遭到破坏，所以在对断裂带与断裂层的营造时基本有两种处理方法：①对断裂带与断裂层进行保护设计时，将其完全引入室内，建筑相当于是断裂带与断裂层的"保护外壳"，这种方法在断裂带与断裂层暴露较为明显时的保护设计上应用得较多，如中国台湾的9·21地震教育园区对断裂带与断裂层的展示就是将其完全引入室内，称为"车笼埔断层"，其是9·21地震中断裂带与断裂层保存最完整的一段（图2-4）。②还有一种设计与保护是由于断裂带与断裂层在震后暴露的不是十分明显，可将断裂带与断裂层引入半室内空间，能与外部空间的衔接较为融合，但这种设计与保护方法的缺点在于，由于是半室外，所以断裂带与断裂层容易受到大自然的风化。

图 2-4
中国台湾的 9·21
地震教育园区的
"车笼埔断层"
展示（来源：邱
建拍摄）

图 2-5
日本淡路岛的断
层带的遗址保护

图 2-6
中国台湾的 9·21
地震教育园区的
南投中学室外跑
道（来源：邱建
拍摄）

如日本的淡路岛的断层带的遗址保护（图2-5）和中国台湾的9·21地震教育园区的南投中学室外跑道遗址的保护（图2-6）就是运用的此类设计方法。

（2）围绕建筑等构筑物营造

围绕建筑等构筑物营造是地震遗址中对震后受损建筑等构筑物较为普遍的遗址保留处理方法。首先要对受损建筑等构筑物进行震后受损度的评估与分级：建筑等构筑物受损度极为严重的，建议完全拆除，但如果建筑等构筑物在地震遗址景观中只是让参观者观摩的建筑等构筑物的实景模型，不是让参观者参与其中体会的地震场地，并且建筑等构筑物的受损度较为严重，可以对建筑等构筑物进行部分加固保留；对建筑等构筑物的受损度不是十分严重的，建议对其加固保护保留，并可在日后，为参观者提供建筑等构筑物生动的纪念教育场所，如中国台湾的9·21教育园中对南投中学教学楼的处理就是属于此类，其维护是对受损建筑进行了亚克力补强技术（图2-7）；建筑等构筑物受损度轻微的，可以对建筑等构筑物进行技术评估后，对其中部分建筑等构筑物受损度极其轻微的，可进行专业修护后，对其恢复并进行原功能的继续使用；对受损度较轻微的建筑等构筑物在修护之后，使其功能性与震前原功能性发生了改变，变为具有纪念、教育、科研等价值的科普纪念场所，如中国台湾的9·21教育园中"9·21地震教育影像馆"就是震前体育馆建筑的再利用，使其功能性变为展示和纪念震灾以及人文关怀为主要内容的场馆，其中集结了9·21地震到灾后重建的种种图像及影音资料（图2-8）。

图 2-7
中国台湾 9·21 地震教育园对受损建筑进行了亚克力补强技术（来源：中国台湾建筑公会）

图 2-8
"9·21 地震教育影像馆"室外
"9·21 地震教育影像馆"室内（来源：邱建拍摄）

表 2-2 围绕建筑等构筑物受损度评估与分级表格

分级		措施	意义
受损度严重	受损度非常严重	完全拆除	安全、重建
	受损度较为严重	部分加固、保留	观摩的建筑等构筑物实景模型
受损度适中	受损度适中	加固、保护、保留	提供生动的纪念教育场所
受损度轻微	受损度极其轻微	专业修护	恢复原功能继续使用
	受损度较轻微	专业修护	原功能发生改变

（来源：作者自制）

（3）次生灾害展示营造

灾害链中最早发生的起作用的灾害称为原生灾害，而由原生灾害所诱导出来的灾害则称为次生灾害。地震灾害能够形成灾害链，可以诱发堰塞湖（图 2-9）、泥石流、崩塌、山体滑坡（图 2-10）等灾害，从而造成道路受阻、洪水泛滥等灾害，这些都是地震的次生灾害。地震的次生灾害也是一个富有纪念价值、教育意义的地震后遗址遗迹景观，一般是将其保护与保留。"5·12"

图 2-9 堰塞湖

图 2-10 映秀次生灾害山体滑坡、崩塌

（来源：作者调研拍摄）

汶川地震后的堰塞湖次生灾害在众多的次生灾害中尤为典型与特殊，给蜀国大地留下一道特殊的风景线（图2-9）。

（4）纪念设施营造

在原址上对纪念设施的营造，与地震的遗址遗迹结合营造的较多。地震的遗址遗迹成为纪念设施的一部分，并不只是为了纪念而建造，如中国台湾的9·21地震教育园区的车笼埔断层展示馆（图2-1）和9·21地震教育影像馆（图2-8）。

（5）服务设施营造

在原址上对服务设施的营造，以不破坏地震的遗址遗迹为原则，通常在一般保护区内设置相应的服务设施，并不在重点保护区内建设。

2.迁址营造

迁址营造，大多是以纪念为目的，不完全是对地震遗址遗迹"原真性"的保护规划。大多迁址营造的原因是由于地震对场地破坏极为严重，人们无法安全地进入地震遗址区域，但是为了纪念地震自然灾害与寄托对遗逝者的哀思，于是将地震遗址进行迁址。对地震遗址进行迁址还有一个原因是由于早期人们对地震遗址遗迹的价值没有得到充分重视与肯定，地震遗址遗迹保护受重视程度不是很高，以至对地震遗址遗迹破坏严重，原地震遗址遗迹已不能形成具有研究价值的纪念场所，所以致使原地震遗址遗迹变为废墟或被夷为平地。迁址营造分为局部迁址和整体迁址：局部迁址基本是对建筑与构筑物的迁址，尤其对构筑物的迁址营造居多，如中国台湾9·21地震纪念园中的"集集支线铁路"弯曲的铁轨，就是对构筑物迁址营造，以给世人展示地震纪念景观（图2-11）；整体迁址营造基本是选新址而建，场地、设计元素基本是全新的，整体迁址营造对地震遗址遗迹真迹的保留性不是很强，容易造成对原地震遗址遗迹的破坏性和对地震遗址遗迹真迹的真实性失真，且地震遗迹是受大自然力量所形成的自然景观而无法对其进行迁址，整体迁址营造主要是以纪念和缅怀逝者为目的,如我国的唐山地震纪念公园,就是整体迁址营造的例子(图2-12）。在迁址的过程中，遗址周围的环境也在进行改变，因此迁址营造比原址营造的科学性、原真性弱得多。

在迁址营造中，纪念设施营造基本是单纯以纪念为最终目的，如唐山地震纪念公园（图2-12），比起原址的纪念设施营造的功能性较为单一；服务设施营造以带动旅游业更好地发展的目的性更强，所以服务设施营造在选址上比原址营造要自由得多。

图2-11 中国台湾9·21地震纪念园中的"集集支线铁路"的铁轨
图2-12 唐山地震纪念公园（来源：作者调研拍摄）

第三章

**地震遗址遗迹景观保护规划与
展示利用研究**

3.1 地震遗址遗迹景观保护规划研究

3.1.1 地震景观保护规划解决的首要问题——保护问题

地震遗址遗迹景观保护规划首先要解决的是地震遗址遗迹的保护问题。

一般意义上的规划是指城市发展规划，也就是对一定时期内城市的经济和社会发展、土地利用、空间布局以及各项建设的综合部署、具体安排和实施管理，主要强调的是合理发展与建设问题，通常只有发展和利用一个目的。而地震遗址遗迹景观保护规划的目的本身具有双重性，很多时候是要协调保护地震遗址遗迹和其适当发展，保护和利用兼具，这本身就是一个难度很大的问题，因此地震遗址遗迹保护规划的难度通常会高于同种层次的一般规划。遵循对地震遗址遗迹景观保护规划"保护为主、抢救第一、合理利用、加强管理"的文物工作方针，地震遗址遗迹景观保护规划中首先考虑的则是地震遗址遗迹的保护问题，对建设主要是控制作用，规划需解决的问题之一就是经济建设与地震遗址遗迹保护的矛盾，这是与一般城市规划最大的区别所在。

3.1.2 地震遗址遗迹的保护问题分析

由于我国的遗址保护工作起步较晚，保护理念和保护方法都有所欠缺，在地震遗址遗迹保护领域，则更是如此。以下就我国地震遗址遗迹保护中出现的一些针对性问题进行分析。

（1）对地震遗址遗迹的价值认识不够，需加大宣传教育力度

我国经过多年文物保护工作的开展，人们已逐渐建立起文物保护的观念并引起了相当的重视，尤其是对古建、古城、古遗址等，甚至有了过头的趋向，从许多地方兴起仿造古建筑和古街区可见一斑。然而，人们对地震遗址遗迹的观念还很大程度上停留在过去的水平，普遍认为其年代不长、文物价值不大，并不值得像古建古城那样去保护，更多的是为了迎合旅游市场的口味而在这些遗址遗迹上做一些场景布置，更有甚者将遗址局部构筑物移至新址，最终导致了对地震遗址遗迹原址的严重破坏。更有一些地震遗址遗迹由于保护意识的缺失濒临破坏或已遭毁坏。

同样，许多建设性破坏恶果也是由于在经济建设过程中保护意识的淡薄引起的。地震遗址的一个突出特点是遗址往往被现代城市或村镇所叠压，因此城市和村镇的建设往往对遗址造成不同程度的破坏。这样的"建设性破坏"随着经济建设步伐的加快，将会愈演愈烈。此外，在地震遗址遗迹保护过程中的不当利用也是对遗址产生建设性破坏的一大原因。许多遗址为了满足旅游开发的需要在遗址区周边甚至遗址区内建造星级宾馆、茶馆、饭店

等，不仅破坏了遗址风貌的整体性，而且往往对遗址本体造成了不可弥补的毁坏。

地震遗址遗迹是人们与自然顽强抗争之伟大精神的重要载体，是对我们子孙后代进行科学教育、宣扬民族精神的重要基地。以往我们忽视了其重大的历史、研究、教育等价值而导致了许多不可挽回的破坏，如今我们要做的就是大力宣传其重大价值以及保护它的重要意义，不但要向广大群众宣传，更要向各级政府等领导部门宣传。

地震遗址遗迹是人类历史自然与文化遗产的重要组成部分，其保护责任不仅是政府或某组织的，而应是全社会的。宣传普及地震遗址遗迹保护知识是我们保护工作者，乃至每一个建筑师、规划师的重要责任。

（2）对地震遗址遗迹的特殊性认识不够而造成保护不当，需加强理论研究

我国遗址保护的研究整体上还处于"摸着石头过河"的阶段，针对不同性质的遗址缺乏针对性的保护研究。比如目前地震遗址的保护工作许多都沿用一般遗址的保护理论和方法，这往往会忽视了地震遗址遗迹的特殊性，如独特的纪念性和废墟审美属性等，从而造成保护和展示利用工作上的一些失误。比如唐山地震遗址公园的保护和展示方法就存在不当之处。

作为地震遗址遗迹，它需要表现和传达的是大自然的破坏力，需要以其残破感、废墟感来唤起人们英勇抗震的回忆，引导人们对勇往直前、不畏牺牲的先烈的缅怀和敬仰，珍惜美好的生命。

而唐山地震遗址公园的整齐的纪念碑镌刻着逝者的姓名,虽有纪念气氛,但由于地震遗址遗迹原貌尚无,所以不利于地震遗址遗迹教育与科研等价值的体现。

目前我国地震遗址遗迹基本上按一般文物古迹的依据来编制保护规划,这样的编制依据比较笼统,编制出的保护规划也容易泛泛而谈,忽视地震遗址遗迹的特殊性而缺乏针对性。因此,我们需加强地震遗址遗迹保护的理论研究,探寻适宜的利用模式,将之形成规范以指导保护规划,从而最终做到系统、有效的保护。

(3)因保护和管理资金短缺造成保护不力,需结合"黑色旅游"建立多元投资体制

地震遗址遗迹的保护工作涉及面广、持续时间长,需要耗费大量人力物力,没有相当的资金难以保证保护工作顺利进行。目前主要的资金来源是国家财政拨款,但由于现阶段我国需要保护的文物建筑、历史名城、古遗址也数量巨大,而地震遗址遗迹的重要性又没得到充分认识,势必面临着僧多粥少的局面。这也导致了许多地震遗址遗迹虽然被列为文物保护单位,却仅仅是挂块牌而已,根本没得到有效的保护,由于没有足够的资金来进行保护和管理,近年却成了一片露天垃圾场。针对以上情况,应建立多元化的投资机制与动力机制,吸收社会资金,多种经营方式并存,尝试以市场运营的方式保护、开发、利用地震遗址遗迹。时下国际刚刚起步开展的"黑色旅游"正是这些地震遗址遗迹得以保护与利用的良好契机,但必须注意的是一些社会资金有强烈的逐利性,要权衡好保护与开发之间的关系,做到有效保护、合理

开发利用，避免因开发过度而造成对遗址遗迹的建设性破坏。

除了以上几点主要的现存问题外，地震遗址遗迹保护中尚存在一些诸如保护规划滞后或脱节、法律保障体系不健全等遗址遗迹保护的一般性问题，也需加以重视并予以逐步改善。

3.1.3 地震遗址遗迹保护对象

保护对象即遗址遗迹客体，对它的界定是所有保护问题研究的基础。对地震遗址遗迹而言，其保护对象应包括与地震这一历史事件相关的所有要素，大体可分为有形的和无形的，前者主要有地震的遗址遗迹、遗存等，后者主要包括一些重要的历史事件、当地地域文化等。需要强调的是，由于地震遗迹和遗存等有形保护对象与地震学是直接相关的，对它们的认定和评估须由地震专家协同完成，否则一般无地震专业背景的地震遗址遗迹保护工作者很容易疏忽某些重要的保护对象，比如河流改道、泥石流、堰塞湖等。

1. 有形保护对象

（1）地震遗迹

地震遗迹，第二章已经提及，主要指地震之后给所在地留下的自然痕迹。这些遗迹包含了地震来临时的自然威力的信息，对于地震的研究有重要作用，主要包括以下方面：

①地震痕迹，比如地质移位、山体滑坡、河流改道、泥石流、堰塞湖等；

②地震遗迹的生态环境，如地震发生地的地形地貌和震后生

态植被等。

（2）地震遗址

地震遗址，主要是指地震之后遗留下来的构建筑物物质遗存，反映了当时构建筑物的发展水平，对日后防震减震构建筑物的研究具有非常重要的价值。它们经历地震后有的保存较完整，而大多数则损毁严重，仅有残垣断壁或基址。地震遗址主要包括以下几个方面：

①典型建筑物，如砖混建筑、框架建筑等其倒塌的方式与典型性有所不同；

②典型构筑物，如具有历史意义与保存价值的构筑物和经历了地震后仍然保存完好的构筑物等；

③其他地震遗址，如家具、交通工具等。

2.无形保护对象

其指的是与地震相关历史事件和当地的地域文化，即与地震相关的事件、情境和突出当地特色的地域文化等，比如人们在地震来临时不畏惧、英勇抗震以及震后人们互相关爱无私的精神，在抗震中英勇牺牲的感人事迹，具有民族特色的地域文化等。如果说地震遗址遗迹、遗存是地震遗址的血与肉的话，则这些相关事件和当地的地域文化就是地震遗址的灵魂，它使地震遗址生动起来、活跃起来，大大加强了地震纪念气氛和感染力，使游览者不仅"看到"地震遗址，而且能"感受"到地震遗址。正是这些生动、具体的事件和当地的地域文化赋予了地震遗址相当的历史价值、教育价值、文化价值以及民族情感价值。

认识到地震遗址无形保护对象的重要性，对于其保护与利用而言具有重要意义：

首先，有利于系统地把握遗址的纪念主题，对精神内涵进行完整保护和持续再现。充分挖掘地震遗址曾发生事件和当地地域文化的历史内涵，对于明确其保护对象、充分展示和利用保护对象具有重大积极意义。只有在研究无形保护对象的基础上才能更全面明确保护对象，制定有针对性的保护措施，从而全面展示地震遗址遗迹的内涵，以保护其真实性、完整性和延续性。

其次，有利于合理地确定保护范围，对物质遗产进行全面的发掘和整体的保护。①保护范围的划定是保护工作的首要任务，对地震遗址遗迹而言，其保护范围应包括历史上抗震救灾发生全过程在空间上的物质性投影和印记，从中可以推断、追忆历史发生的全过程。②地震遗址遗迹的保护中，应通过对于发生事件与当地地域文化的系统发掘和完整把握，尽可能无遗漏地发掘与无形保护对象相关的物质空间，全面掌握保护对象的有形载体。③从保护与开发工作的角度看，这有利于改变过去"散点式"的单个保护模式，从而进行整体、系统的保护，强化相关无形保护对象的物质空间的联系和历史脉络上的连续。

再次，有利于充分发掘和丰富相关的展示与陈列内容。通过各个展示节点的系统介绍、雕塑模拟、历史文物展示等，帮助参观者了解和解读历史的真相，深刻感受地震遗址遗迹的纪念气氛。

3.1.4 地震遗址遗迹景观保护规划方法

地震遗址遗迹景观保护规划方法有地震遗址遗迹静态保护规划和地震遗址遗迹动态保护规划。前小节对地震遗址遗迹保护对象进行了分析，地震遗址遗迹保护对象分为有形保护对象和无形保护对象，因为有形保护对象中地震遗迹山体滑坡、泥石流、堰塞湖等含有地震遗迹的生态环境等存在变化的不稳定因素，并且为了能够更充分挖掘无形保护对象地震遗址曾发生事件和当地地域文化的历史内涵，笔者倾向于地震遗址遗迹景观保护规划侧重于动态保护规划的方法。

1.地震遗址遗迹静态保护规划

在地震遗址遗迹的保护规划初期，地震遗址遗迹保护规划以静态博物馆式的保护规划方式为主，例如唐山地震博物馆。这种静态的规划形式、单一的保护模式势必影响地震遗址遗迹保护规划工作，缺乏因地制宜、与时俱进的理念，也就无法调动地方群众参与的积极性，由此必然导致规划结果可操作性的缺乏。

地震遗址遗迹是与其生存地环境不可分割的，遗址遗迹动态保护规划就是将这类遗址遗迹纳入当地的生态保护系统、文化旅游开发系统等；把历史、现实、自然、人文等多种因素进行整合，从全局的观念去研究、保护、开发和利用，而不是孤立、静止地看待地震遗址遗迹。

2.地震遗址遗迹动态保护规划

动态保护规划不是被动地适应环境变化，而是前瞻性地洞悉这种变化，积极主动地调解自身，进而通过自身的变化，影响区域环境，乃至人们的生活。动态保护规划[1]是多样化的、可替代和可选择的，动态保护规划的制定与调整本身就是一种交互性实施过程。[2]

（1）可持续发展的理念[3]

"可持续发展"的思想，是 20 世纪 80 年代随着人类对自然的发展和对人类过去行为的反思而得出的结论。追求地震遗址遗迹保护的可持续发展，是环境保护的需要，也是人类社会发展的需要。动态保护规划就是要以可持续发展的理论指导地震遗址遗迹保护与利用的研究，就是在动态环境下研究可持续发展问题。

（2）动态规划目标定位

静态保护规划着眼于拆毁（Demolish）、迁移（Remove）等方面，是被动式的保护规划；而动态保护规划着眼于保护（Protection）、保存（Preservation）、再循环（Recycling）、

[1] 动态规划原是运筹学的一个分支，它是解决多阶段决策过程最优化的一种数学方法。美国数学家贝尔曼（Bellman）等人 1951 年提出了解决这类问题的"最优性原理"。近年来，规划方法相继产生了经济最优化模式、生态最适模式和最低安全标准、承载力概念等模式，概括起来可以分为最大 - 最优化途径（maximization-optimization approaches）和最小 - 最大约束途径（minimax-constraint approaches）。但是，无论是以经济最优或是以生态最适为目标的规划，实际实施过程都是非常困难的，甚至是不可能的。也就是说，规划不可能是绝对的、唯一的，既非经济决定论的，也非环境决定论的。

[2] 崔明 . 江苏省大遗址保护规划与利用模式研究 [D]. 南京：东南大学，2006.

[3] 可持续发展作为一种全新的发展观在 1992 年里约热内卢联合国环境与发展大会上得到全球的共识。可持续发展是指经济、社会、人口与资源和环境的协调发展，既满足当代人不断增长的物质文化生活的需要，又不损害满足子孙后代生存发展对大气、淡水、海洋、土地、森林、矿产等自然资源和环境需求的能力。

再利用（Adaptive Use）、建筑再生（Re-architecture）等方面，是主动式保护规划。传统的静态保护规划，侧重于对近期目标的实施，而动态保护规划纳入了交互性规划的理念，是近期、中期、远期目标的全面整合，在综合筹划的基础上，使之达到最优化状态。

（3）动态保护规划提供交互性规划调整过程

交互性的概念来源于电子计算机自动控制领域，由于微电脑的高速发展，使人机实时交互成为可能。地震遗址遗迹的动态保护规划过程借鉴了这一实时交互的理念，在确定初期规划时，为以后规划调整留出必要的空间，在规划理念、环境条件、社会条件及各种机遇到来时，采用实时交互的方法，对初期规划进行调整，这也是所谓持续保护规划的思想。

（4）基本安全承受度

任何规划的制定都是在一定的历史条件下制定的，规划时的自然状况、社会发展程度、经济状况及规划群体的知识层次均对规划制定产生直接的影响。这些影响因素就构成了动态保护规划的边界条件。

由于地震遗址遗迹自身具有不可再生性的特点，由此产生的限制或边界也是不可更改的，这就形成了基本安全度的概念，如保护范围的划定，地震遗址遗迹一般划分为重点保护区、一般保护区和建设控制地带，其范围大小的划定应基于基本安全承受度而划定。这一范围要作为绝对边界条件予以保证，这种基本安全承受度在最初的保护规划文本中予以确定，其后的交互调整过程依据条件的变化，可以做出大于、至少等于该范围的划定，但不能做出小于该范围的划定。

3.静态保护规划与动态保护规划比较

动态保护规划是对传统保护规划的继承与发展，它摒弃了传统保护规划中不合理的因素，使规划更加合理、更具可操作性，两者之间存在本质的区别。

（1）理论基础不同

传统的保护规划是一种消极的静态保护规划，侧重于遗址遗迹本体规划，忽略了周边环境生态的保护；而动态保护规划采用积极的动态保护方式，同时融合生态学和可持续发展与利用的理念。

（2）规划目标定位方法不同

传统静态保护规划一般侧重于近期目标，因为在实际遗址遗迹保护规划工作中，由于目标定位的不合理性及实际影响规划因素的可变性，近期目标能够实现就已属不易；而动态保护规划则整合了近期、中期、远期目标，具体而言即根据当前实际地震遗址遗迹制定清晰的近期目标，综合考虑各种发展因素确定远期目标，而中期目标为动态目标，随着社会环境、生态环境、人文环境及保护规划理论的发展做动态调整，综合筹划以提高可操作性。

（3）实施手段不同

传统静态保护规划主要采用控制性规划方法，往往形成两个极端，要么采取严格保守控制，不做任何改动；要么迎合开发需要，在经济利益驱动下，大规模将地震遗址遗迹夷为平地，改造环境。

动态保护规划则采取与时俱进的适度的保护方法，运用动态交互性调整方法、在满足地震遗址遗迹基本安全度的情况下实施保护规划，适应生态环境，整合生态环境。

（4）达到效果不同

传统静态保护规划缺乏环境适应力，不及时调整规划，可能导致地震遗址遗迹本体及周边环境遭到严重破坏；而动态保护规划综合考虑了各种变量因素，及时动态地予以调整，使有效合理地保护地震遗址遗迹、真实地展示地震遗址遗迹、提升地震遗址遗迹的研究价值成为可能。

3.1.5 地震遗址遗迹景观保护规划思路构架

经过对地震遗址遗迹首要问题、保护对象与保护规划方法的分析，并结合笔者在四川建设厅与省规院的实践工作，笔者试对地震遗址遗迹景观保护规划思路进行构架：由背景概述、震后现状分析、定位、划定范围、保护措施等几部分组成。

1. 背景概述

其主要包括地震遗址遗迹的地理位置、海拔高程、行政区属、交通条件、民族地域特色、震后遗址遗迹主要内容与特点等方面；还应对地震遗址遗迹所处的自然条件进行介绍，如地形情况、降水、四季状况等。

2. 震后现状分析

震后现状分析主要包括地震遗址遗迹环境现状，遗址遗迹规模及分布情况、地震遗址遗迹保存现状分析、地震遗址遗迹重点保护点根据自然遗迹、构建筑物遗址、纪念设施等进行分类，必要的话可以对重点保护点保护级别进行分级。

3.定位

其主要包括震后遗址遗迹最大特点评述、地震遗址遗迹规划目标、地震遗址遗迹定性等内容。

地震遗址遗迹本身是科学研究的重要实体资料，根据受灾状况的不同与遗址遗迹自身特点将其进行定位后，遗址遗迹将会更有效展示与合理开发利用，不仅能够提升地方整体形象、带来经济效益价值，同时还能满足人们精神上的需求。

4.划定范围

2008年6月国务院发布的《汶川地震灾后恢复重建条例》明确地规定："国务院地震工作主管部门应当会同文物等有关部门组织专家对地震废墟进行现场调查，对具有典型性、代表性、科学价值和纪念意义的地震遗址、遗迹划定范围，建立地震遗址博物馆。地震灾区的省级人民政府应当组织民族事务、建设、环保、地震、文物等部门和专家，根据地震灾害调查评估结果，制定清理保护方案，明确地震遗址、遗迹和文物保护单位以及具有历史价值与少数民族特色的建筑物、构筑物等保护对象及其区域范围，报国务院批准后实施。"[1]地震遗址遗迹保护范围，经划定和批

[1] 国务院. 汶川地震灾后恢复重建条例. 2008.

准后，即成为执法的根据。保护范围如何划定，要根据具体情况而定。首先需要进行调查研究，对地震遗址遗迹周围的情况进行具体的分析研究，不能一刀切，必须有科学详实的依据。

（1）重点保护区与一般保护区

划定地震遗址遗迹保护范围具体界限时，必须有明确的标志物为依托，尽可能结合山形水系等地貌特征，结合可用于界划的城乡建设基础设施如道路等，有利于控制操作和实际管理工作。

重点保护区与一般保护区内的规划项目是遗址保护规划的主要部分，主要包括以下各类保护工程与实施项目：

①震后重点保护建筑、构筑物及纪念地等。

②展示工程，选择具有代表性的遗址遗迹进行展示。

③绿化工程，选择适合该遗址遗迹的树种、草本植物进行生态恢复。

④配套服务设施工程，建设停车场、道路、小卖部、旅客服务中心等各类配套服务设施。

⑤管理与展示设施工程，如纪念馆工程、遗址遗迹原址展示栈道、平台等工程。

（2）建设控制地带

在保护范围外，将需要保护环境风貌与限制建设项目的区域划为建设控制地带，规划要求：

要尽可能囊括与保护范围相关联的地理环境，能够形成地震遗址遗迹的完整、和谐的视觉空间和环境效果。要能够控制直接影响地震遗址遗迹的环境污染源（包括水系污染、噪音污染、有害气体排放等）。建设控制地带范围内，可根据各种环境因素对地震遗址遗迹构成影响的程度（如环境风貌、视域景观等）分类划分控制区块、制定相应的管理要求，以利区分管理控制强度。建设控制地带的范围应考虑最大边界可取视线所及范围。在建设控制地带修建新建筑和构筑物，不得破坏地震遗址遗迹的环境风貌。

（3）环境协调区

环境协调区主要采取环境治理的方式使地震遗址遗迹周边环境与遗址遗迹自身特色相协调。环境治理主要是对地震遗址遗迹造成不良影响的人为破坏因素采取整治的综合措施：

①清除可能影响地震遗址遗迹安全的构筑物。

②清除对地震遗址遗迹及其环境造成影响的污染源。

③为改善地震遗址遗迹环境而采取的绿化措施不得对地震遗址遗迹本体造成损坏。

5.保护措施

根据地震遗址遗迹不同的破坏形式，就要针对这些破坏形式制定相应的保护对策，可以概括以下几项措施。

（1）加固性工程

针对不同的地震遗址遗迹特征，采取不同的遗址遗迹加固方法：针对遗址遗迹的风化、腐蚀、水蚀等问题采取防风化、防腐蚀与防水加固，遗址遗迹防坍塌加固问题，可采用钢结构大棚、强化玻璃等技术。

（2）加强遗址遗迹管理

　　地震遗址遗迹的管理是对构成一个遗址遗迹及其环境的各种要素，如自然状况、土地利用、旅游参观、讲解说明等进行规划性管理。管理的目的是为了保护地震遗址遗迹，尽量减少破坏。

3.2 地震遗址遗迹景观展示利用研究

3.2.1 展示内容研究

在对地震遗址遗迹进行展示时，不仅要展示地震遗址遗迹自身状态、载体情况，还应展示其原有的周边环境和地震相关历史事件与当地的地域文化，这样才能把地震遗址遗迹的价值充分地展现出来。

1. 展示目的

地震遗址遗迹展示以不破坏遗址遗迹的原状、遗址遗迹的周边环境为前提，对其展示是为了更好地保护与利用地震遗址遗迹，成为科普教育鲜活的教育基地与对逝者缅怀的场所。

2. 展示原则

（1）以地震遗址遗迹保护为前提，确保保护与利用的和谐统一。

（2）坚持以生态效益为主，促进生态效益与经济效益的协调发展。

（3）整体性保护和可持续利用的原则，既要保护地震遗址遗迹本体，又要保护其环境，地震遗址遗迹不可再生性决定了任何形式的展示都必须以其完整保护和可持续利用为前提条件。在确保不对地震遗址遗迹造成破坏的前提下才能够考虑展示的问题，做到遗址遗迹资源的可持续利用。对地震遗址遗迹的可持续利用方面，可采取可逆性原则，即为不妨害遗址遗迹将来的进一步研究，一切措施应是可逆的。

（4）尊重历史、满足真实性的原则。真实性是地震遗址遗迹保护规划的灵魂。如果遗址遗迹的真实性受到质疑，则其科学研究价值也就无从提起了。真实性的损害主要是指对地震遗址遗迹的破坏和替代以及遗址遗迹虽然得到完整的保护，但展示时添加的部分与原有部分真假难辨，所以在对遗址遗迹真实性原则展示时应采取最低干预原则和可识别性原则。最低干预原则：除必要保护展示手段外，尽量减少对地震遗址遗迹原存部分的干预。可识别性原则：在对地震遗址遗迹展示过程中，要尊重地震遗址遗迹的原貌，任何措施应与原存遗址遗迹有所区别。

（5）学术研究和科学普及相结合。地震遗址遗迹展示的过程就是科学普及的过程，必须加强科研成果向实际应用的转化，调动人们参与其中的积极性。

（6）纪念设施与场所展示必不可缺。在抗震救灾过程中，人们所体现出的互助精神与在自然灾难面前英勇抗争的精神值得人们缅怀与纪念。

3.展示内容

根据展示目的与展示原则等分析，展示内容以地震遗址遗迹本身与周围环境为主要内容，除保护性设施外，还应有对地震科学知识普及的内容与纪念设施和场所内容的展示。

3.2.2 展示方法研究

笔者对地震遗址遗迹展示方法进行归类，大体可归结为露天展示、覆盖展示、体验展示和纪念展示等四个类型。

（1）露天展示

露天展示，是对地震遗址现存建构筑物进行加固以及遗址遗迹本身与环境保护保持废墟状态的一种展示方式。在地震遗址遗迹展示中，如地震遗址遗迹范围较大或需对震后遗址遗迹现状做出非常真实的反映，并且遗址遗迹相对具有较强抵挡风雨日晒的能力的特性，可采用此种方法。但露天展示时，地震遗址遗迹有必要的话还是要做适当的内部结构加固和表面防风化处理等技术措施。遗址遗迹保护保持废墟状态措施如以低矮栅栏、篱笆等做围护，不做屋顶的围护保护形式，这类保护展示可将地震遗址遗迹更为自然地融入整体环境风貌中。在围护材料的选取上可尽量采用原有建筑材料和相关建筑材料，使其色调与遗址环境协调。其主要应用于保护范围边界的分割以及为防止人为或动物破坏而修建的护栏等。露天展示方式应用较广泛，大部分地震遗址遗迹展示保护均有涉及。

（2）覆盖展示

由于地震遗址遗迹需要供人们参观学习，遗址遗迹难免受到人为的破坏；并且，由于自然风雨侵蚀，水土流失对遗址构成了严重的威胁，因此建设覆盖遗址展示保护设施是确保遗址不受损害、破坏的需要。覆盖遗址展示保护采取博物馆以及保护棚围护的方式予以展示，方法是采用建筑或张拉膜覆盖地震遗址遗迹之上进行保护，其中张拉膜保护工程特点是不直接触及遗址遗迹本身。该种展示保护方式以重点地震遗址遗迹局部展示为主要工作对象。通过营造博物馆与保护棚围护结构，为地震遗址遗迹提供安全的保护与展示条件，减少自然对遗址遗迹的破坏，同时也为科研工作、参观学习地震知识等提供必要的环境场所。

但也应看到，建立在地震遗址遗迹上的博物馆营造活动，将造成遗址遗迹本身之间或者与其外界环境的人为分割。遗址遗迹的完整性相对受到了破坏，但是在对博物馆三维空间围护保护的选材上如多选用通透性材料如玻璃等，而不是采用平常所常用的混凝土或砖石实体墙，地震遗址遗迹与外界环境的联系与完整性就大大地加强了，如中国台湾9·21地震教育园区中的车笼埔断层展示馆外墙面的选材就是运用玻璃材质，既能保护并展示地震遗址遗迹，又能透过玻璃外墙看到建筑之外的地震遗址遗迹的环境景象（图3-1、3-2）。保护棚维护的营造是建筑灰空间营造方法的运用，所以较之博物馆营造对地震遗址遗迹的完整性破坏弱得多，但是也要注意保护棚高度的设置，以尽量不破坏遗址遗迹周边环境完整性进行综合考虑。

图 3-1 车笼埔断层展示馆从室内向外看

图 3-2 车笼埔断层展示馆室外（来源：中国台湾建筑公会）

（3）体验展示

体验展示是利用科技手段更为生动且参与性较强地向人们展示地震知识，所以能够使参观者更容易接收地震信息和亲身体验地震来临时的真实状况并从中获得教育。体验展示过程中，科研人员模拟自然的地质构造建出模型，向人们清晰地展示地质变化普及地震知识；体验展示也可以模拟地震来临时的真实情景，为地震来袭时防灾工作进行真实的演习。

（4）纪念展示

抗震救灾中有许多感人的事迹与值得怀念的场所与画面，可以通过纪念设施（如纪念馆、雕塑、纪念说明牌等）与场所（如墓地、纪念地等）进行展示，从而打造为后人寄托哀思与怀念的纪念场地。

3.2.3 空间展示结构研究

（1）点状空间展示结构模式

点状地震遗址遗迹景观保护规划由单体地震遗址遗迹或地震遗址遗迹分布较为集中的遗址遗迹群所形成的遗址遗迹景观构成。遗址遗迹景观是遗址遗迹景观保护规划的核心，点状遗址景观由于其地理位置或文化内涵具有极强的凝聚性，较易形成以遗址遗迹景观为核心，其他景观单元向外围逐级扩展的点状辐射状景观格局。该种格局具有着明确的景观属性、强烈的景观吸引力和清晰的景观结构层次，适合规模较小或适中的地震遗址遗迹景观保护规划。

（2）带状空间展示结构模式

带状地震遗址遗迹景观规划由狭长状单体地震遗址遗迹或遗址遗迹分布较为集中的狭长状地震遗址遗迹群所形成的遗址遗迹景观构成。带状地震遗址遗迹景观具有景观连续性强、导向性强、序列性强的特性，易于利用地震遗址遗迹景观将各功能区相联系并构成统一的整体，形成串联式景观格局，此模式适合规模相对较小的地震遗址遗迹景观保护规划。

（3）面状空间展示结构模式

面状地震遗址遗迹景观保护规划由点状地震遗址遗迹景观群、带状地震遗址遗迹景观群或点状地震遗址遗迹景观和带状地震遗址遗迹景观共同形成的地震遗址遗迹景观构成。该种类型的地震遗址遗迹景观具有多样性、复杂性、丰富性的特征，适合规模较大的地震遗址遗迹景观保护规划。

3.2.4 内涵的展示研究

根据对地震遗址遗迹保护对象的分类，地震遗址遗迹内涵的展示大体也可概括为有形展示和无形展示两类。

（1）有形展示

有形展示是指展示地震遗址遗迹自身遗存、载体状态及环境风貌等。地震遗址遗迹要获得社会和文化的认同，就需要与人进行沟通，只有在与人的交流中才能使地震遗址遗迹产生新的生命，才能在不断发展的社会中获得一席之地。因此，地震遗址遗迹的有形展示是现代人类认识水平及理念的一种展示：对自然不再是畏惧而是使其具有科研价值，面对死亡也不再恐惧，而是具有纪念意义；也是现代科技展示手段——新设备，如电脑虚拟展示设备等运用的载体，地震相关知识得到普及，也可以让人们感受地震来临之时的场景，为地震灾害的预防进行演习。

在地震遗址遗迹纪念景观有形展示中比较特殊的是废墟展示。废墟展示带有深层次的凝合力，给人心灵以震撼，更容易使人展开思想的翅膀，跨越时间的界限，感悟岁月的沧桑。人们站在地震给大地带来的废墟上，更能体会大自然的威力所在。

（2）无形展示

地震遗址遗迹纪念景观展示不只是停留在设法让观众"看到些什么"的初级水平，而更要达到让观众由此"想到些什么"的境界。

①遗址特色提示展示

每一个地震遗址遗迹都存在不同的特色，地震遗址遗迹特色提示展示是对遗址遗迹自身特点和特有环境的解读性展示。结合遗址遗迹的与众不同之处，专家们将研究成果较好地应用于实际地震遗址遗迹展示保护工作之中，将地震遗址遗迹主要特色进行提炼，对公众以暗示与引导，使之对地震遗址遗迹的理解与感知更为深刻。

②精神展示

地震遗址遗迹纪念景观精神展示有在地震中抗震救灾的精神、人们面对地震来临勇于抗争的精神、在大灾面前人们互相帮助的精神等。这些精神的表现通过设计雕塑、纪念地、标志物、墓地等手法来将其精神传达给人们。

③留白展示

"留白"是绘画中常用的一种手法，是在画面上留下一定的空白空间，以此给观众留下想象的空间。所谓留白展示就是借用了这种手法，在地震遗址遗迹展示过程中适当留下空旷地带，为观众留下想象的空间。

地震遗址遗迹纪念景观在遗址遗迹相对应的位置，树立说明牌，展示建筑或地貌震前与震后的对比并同时保持遗址的整体环境的空旷与沧桑感，使人在不经意间能够感受到震前原有风貌的存在，并对其产生回忆与联想。

3.2.5 美学意象展示研究

"意象"是指"意"与"象"的交融契合，将主观情思融于具体的物象之中，达到虚实相生、内外相融的微妙状态，从而形成"意"中之"象"或"象"在"意"中的效果。意象属于美学范畴的概念，建筑意象是建筑师造象与参观者解意的统一。而地震遗址遗迹作为大自然与建筑的后续状态，是客观存在的物态形态，包含了大自然与设计者的造像因素，真实地记录了地震灾害的实景，如此真实、丰富的内涵，为参观者提供了充分的想象空间。地震遗址遗迹景观展示通过委婉的美学意向传达给参观者，而非生硬冰冷地把悲壮的历史重新演义展现，更能够使参观者容易接受其中深远的历史含义，并从中受到教育与启发。

（1）意象的美学内涵

"意象"缘起于《周易》的"立象以尽意"，它的哲理性思想则源于道家中"意""象"的观念。"意象"的"象"偏重于艺术形象的显现方面，其审美意蕴是在"象内"，同时也指"象外"所存在的虚境。意象的"意"侧重于主观情意的作用，同时也包括"心境""内境"或"胸境"，从审美心理结构上看，意象之"意"比较稳定，构成了一种平静的精神态势和审美感受。意象偏重于以实显虚，意象的"意"是主体的思想感情。意象在于情景交融，在本质上体现了心与物、主体与客体的双向交流和内在统一，在艺术表现上表现为含蓄隽永，虚实结合，寓意深远。[1]

（2）遗址遗迹的残缺之美

建筑和自然与地震遗址遗迹的关系是过去时态与现在进行时态的关系，建筑和自然是地震遗址遗迹前世的完美形态，而地震遗址遗迹则是建筑和自然生命的延续与升华。建筑和大自然无论怎样精妙绝伦，都不能向你叙述历史与传说，而当你面对满目疮痍的遗址遗迹，无须通过抽象的表白，就能感受沧桑之美。

对地震逝者凭吊与抗震精神的感慨，来到地震的发生地，站在地震遗址遗迹面前，我们就如同直接面对历史，进入了地震发生当日的时光隧道，这种真切的感受是任何其他媒介都无法替代的。残缺的地震遗址遗迹所展现的残缺的美，往往与其所处的环

[1] 蒲震元. 中国艺术意境论 [M]. 北京：北京大学出版社，1999.

境相融合与协调。罗杰斯·斯克拉斯认为"建筑物总是构成了它所在环境的重要面貌特征……同样，随心所欲地改变环境会影响到建筑本身"，保存地震遗址遗迹，真实地展示地震遗址遗迹的残缺一面，不仅是对遗址遗迹综合环境的保护，而且也是对地震遗址遗迹残缺之美的认可。

（3）遗址遗迹的混沌之美

地震遗址遗迹自身存在状态往往以混沌的形式存在。从建筑和大自然演变为遗址遗迹的过程是从清晰到模糊、从有序到混沌的过程；而地震遗址遗迹景观的保护规划与展示过程，是反向的从混沌到有序的过程。有序是一种美的存在形式，混沌同样是一种美；混沌之美给人留下的想象空间较之有序之美更大，更具意象特质。地震遗址遗迹混沌空间在满足人的生理需求方面更具优势，这种生理的需求必然给人带来一定的生理性震撼，这种震撼必然反射到人的心理领域，引起心理的强烈反应。

就审美而言，既存在清晰的甚至可以精确到数字如黄金分割的美，同样也存在模糊的混沌的美。地震遗址遗迹的混沌美通过震后的废墟与断层保护的室内外模糊空间予以展现，如震后的废墟与断层保护室内与室外没有明显的界限，形成了室内空间与室外空间自然的过渡，地震的废墟、断层与整体环境依然是一个整体。这种模糊与混沌空间的营造，展现了地震遗址遗迹的混沌之美。

（4）遗址遗迹的意境之美

意境是中国美学体系中的一个重要范畴，它几乎贯穿中国传统艺术发展的整个历史，是衡量艺术作品的最高层次的艺术标准。

"意境"这一概念是"意"与"境"的交融契合，主要是指超出遗址遗迹具体物象之外，是主体微妙、独特的内心产生的一种心理感受，往往是一种情景一体的浓郁氛围，也可以说地震遗址遗迹提供给我们的不仅是遗址遗迹本身，而是更侧重于一种可以意会而难以言说的内在特征。

对遗址遗迹而言，意境涉及主观与客观两方面，主观方面指的是规划者和参观者能动的主观思维活动，客观方面指的是地震遗址遗迹的展示、空间序列和它表现出的氛围。从哲学观念上看意境，它涉及主观与客观，并表现为主客观的统一。地震遗址遗迹之美在于审美移情，是参观对象与遗址遗迹的审美主体的生理、心理因素交融统一的一种精神境界。黑格尔《美学》表示："第一是意义，其次是这意义的表现，意义就是一种观念或对象，不管它的内容是什么，表现是一种感性存在或一种形象。"地震遗址遗迹本体是存在的，不论其存在的形式如何，总是在表现一种自然力量与精神力量，它是内涵、理想、信念与价值观的集合体。地震遗址遗迹是一种超越时空美的痕迹，赋予了人们凝重而深沉的思索。在当代即使科学技术迅速发展，也不能再造地震遗址遗迹原貌，地震遗址遗迹是特定历史条件下的产物，是过去时代的物证，更是人类集体记忆的凭证。地震遗址遗迹凝聚了静态与动态的和谐之美。静态的遗址遗迹是厚重而深沉的记忆，动态的遗址遗迹是人类对遗址遗迹认识不断提升的过程，对地震遗址遗迹价值认识不断发现的过程，从某种意义上说，也是人们精神得到逐步满足的过程。

地震遗址遗迹的展现，不仅在于它的外观形象，更重要的是其外观形象所蕴含的深层含义，既要让人从宏观上感到自然的威力，又要让人从微观上体会到它的深邃的内涵。营造地震遗址遗迹空间、保护地震遗址遗迹环境，应与人的协调发展同步，在自然文化与社会文化的结合中达到物质文化、制度文化与精神文化的统一。

（5）遗址遗迹的寓意之美

地震遗址遗迹的寓意实际是由构筑物空间意象所传达出来的一定的抽象观念的意蕴，其传达的方式在于象征。残缺的地震遗址遗迹同样需要象征手法来体现更深层的含义。黑格尔认为建筑"它毕竟是一种暗示一个有普遍意义的重要思想的象征（符号），一种独立自足的象征；尽管对于精神来说，它还只是一种无言的语言。所以这种建筑的产品是应该单凭它们本身就足以启发思考和唤起普遍观念的"。就地震遗址遗迹而言，它是由大自然的威力错动主要形成的"大地杰作"所构成的物质存在，一般不能随意地破坏地震遗址遗迹的原貌，因遗址遗迹可向人具体描绘地震来临时的真实情景，由此，围绕地震遗址遗迹所建成的构筑物表现为一定的象征，更能展现其寓意之美，更为耐人寻味。

中国台湾9·21地震教育园的车笼埔断层保存馆在保存原有地震遗迹断裂带的基础上，以大地的缝合、对人们心灵的缝合为寓意（图3-3、3-4、3-5），建造出具有象征意义的遗址遗迹保护馆建筑。其建筑的形象意蕴是抽象的，表现手法也是抽象的，具有独特的内涵和审美特征，在满目疮痍的地震遗址遗迹上，让人们没有感到恐惧，却让人感到了心灵上的抚慰，这就是地震遗址遗迹在运用寓意之美时更能让人接受且发人深省。

地震遗址遗迹中的意境创造不能单从设计者主观意愿出发，应充分考虑进入地震遗址遗迹中的人的活动使用空间与人们的心情感受。地震已经给人们带来了巨大心灵上的伤害，不能再直白地让人们重温悲惨的一幕感到压抑与恐慌，因此就要用寓意含蓄隽永的艺术手法将地震遗址遗迹时代的痕迹和烙印表现出一定的艺术情趣和艺术氛围，来触发参观者丰富的联想力，使之愿意欣赏并从中受益。

（6）遗址遗迹的艺术个性

地震遗址遗迹废墟的展示、断层的展示、遗留物的展示等都充分体现了遗址遗迹的艺术个性。遗址遗迹的沧桑个性美，使观者产生某种精神上的反应和联想，是一种能使人感到触动的外在力量。坍塌的房屋、扭曲的道路无不展现着地震遗址遗迹的另类美，在这种个性的张扬中，我们可以感知大自然的威力并对大自然产生敬畏之情，警示后人要尊重自然而非违背自然，从中受到教育。

图3-3 中国台湾9·21地震教育园总平面图（来源：中国台湾建筑公会）

图3-4 中国台湾9·21教育园以缝合为寓意的车笼埔断层保存馆(来源: 中国台湾建筑公会）

图3-5 损毁教室以缝合寓意予以展示（来源：中国台湾建筑公会）

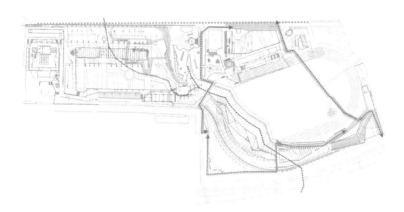

3.3 小结

本章通过对地震遗址遗迹景观保护规划首要解决的问题——保护问题，进行了阐述与分析，发现了地震遗址遗迹景观保护现存的问题，并提出了一些相应的建议，在确立了地震遗址遗迹保护对象后，接着对地震遗址遗迹景观保护规划方法从静态保护规划、动态保护规划的阐述以及对地震遗址遗迹静态与动态保护规划的比较，建立了地震遗址遗迹景观保护规划思路构架；地震遗址遗迹景观展示利用从地震遗址遗迹展示内容、展示方法、空间展示结构、内涵展示以及美学意向展示等方面进行了研究与阐述，对地震遗址遗迹景观展示利用进行了梳理研究，对以后的地震遗址遗迹景观保护规划与展示利用理论上具有参考性价值。

第四章

地震遗址遗迹景观保护规划与
展示利用

　　"5·12"汶川地震遗址遗迹范围较大、摧毁较为严重，考虑综合国力对汶川地震遗址遗迹的经济投资、灾区地区经济的协调发展以及对地震遗址遗迹周围山地河流进行地质灾害与洪涝等风险的评估，采取相应的防治工程、监测预警等措施降低地质与洪涝灾害风险，确保地震遗址遗迹的安全。为了合理保护汶川地震遗址遗迹，为灾区灾后恢复重建提供重要的决策依据，四川省地震局专家组对汶川地震遗址遗迹进行了量化综合评估（表4-1），并且中国科学院学部咨询委员会组织开展了"汶川地震遗址遗迹保护与纪念场馆建设规划"咨询项目，并于2008年8月至9月组织了十余位院士和专家对汶川县映秀镇、都江堰深溪沟、北川、绵竹汉旺、什邡和青川等重灾区进行综合考察、访问，并与当地政府及相关部门开展座谈。专家组在充分收集已有资料和现场调查研究工作的基础上，召开了院士专家咨询会，对该地区地震遗址遗迹选择、保护区布局等相关问题做了深入研究，完成了"汶川地震遗址遗迹保护与纪念场馆建设"咨询报告。之后，国家发改委公布的《汶川地震恢复重建总体规划》，确定了北川县城、汶川县映秀镇、绵竹东汽汉旺厂区和都江堰虹口深溪沟作为汶川地震整体保护的四处遗址遗迹。通过调查，报告认为这四处地震遗址能基本上反映 5·12 特大地震的成因、地壳运动特征、地震破坏等特点。

笔者非常荣幸在四川省建设厅与四川省规划院参与汶川地震遗址遗迹景观保护规划工作。其中，汶川四地地震遗址遗迹景观保护规划中北川、映秀镇、深溪沟部分图纸由作者在四川省规划院绘制，为本文研究提供了第一手资料。笔者将第三章的地震遗址遗迹景观保护规划与展示利用理论运用到汶川地震遗址遗迹景观保护规划与展示中，使其内容更具体丰富且具有现实意义。

表 4-1 汶川地震典型遗址遗迹量化综合评估评分汇总表

名称	典型性（40分）				代表性（10分）	民族性（10分）	科学价值（20分）		纪念意义（10分）	综合效益（10分）	综合得分	综合排名
	地震地质	震害	次生灾害	原貌保存			地震科学	其它科学				
北川县城	9.6	9.7	9.5	9.5	9.5	9.7	9.3	9.3	9.8	8.5	94.4	1
汶川映秀	8.8	9.3	8.3	8.0	9.1	8.9	8.9	8.7	8.8	8.5	87.3	2
绵竹汉旺	8.8	9.1	7.9	7.6	9.1	8.4	8.7	8.5	9.2	8.5	85.8	3
都江堰虹口	8.9	8.5	8.0	8.3	8.5	8.1	8.5	8.3	8.1	8.4	83.6	4

评估专家签名：专家组　　　　　所在单位：四川省地震局　　　　评估日期：2008-06-24

填表说明：①本表总分为 100 分，每格最高分为 10 分，可以保留 1 位小数；

②若专家认为还有典型的地震遗址遗迹值得推荐，可以在最后二行空格中填写。

（来源：彭晋川等．四川汶川 8.0 级地震典型遗址遗迹综合评估 [J]．灾害学，2008（12）.）

4.1 汶川地震遗址遗迹景观保护规划

4.1.1 北川地震遗址遗迹景观保护规划

北川地震遗址遗迹景观采用动态保护规划理念：2009—2010 年完成重点保护区内博物馆区与老县城遗址保护区内重点展示与保护项目与必要服务设施的建设。重点保护区范围内其余保护和建设项目均属二期工程内容，在 2010—2012 年建设完成。

北川地震遗址遗迹景观保护规划重点是保护和修复生态功能，小寨子沟自然保护区及其他法定保护区将来是北川重要的生态功能区、自然文化资源保护区和珍贵动植物资源保护地，以此使北川环境状况得到根本改善，生态系统良性循环。

1. 背景概述

（1）区位现状

北川老县城位于四川盆地西北部，东接江油市，南邻安县，西靠茂县，北抵松潘、平武县。县境内山峦起伏，沟壑纵横，地势西北高，东南低，最高海拔 4769 米，最低海拔 540 米，县城所在地海拔 652 米。北川气候温和，四季分明，雨量充沛。

北川县城距绵阳市区 60 公里，距成都 160 公里。省道成青公路南北纵贯老县城，南至安县、北至江油；省道成阿公路东西横穿老县城，向西至茂县。湔江由西向东从老县城北边经过，县城四周分别有景家山、盖头山、王家岩、旧官山等山体。

羌族、藏族、回族等少数民族占全县总人口的一半以上。

（2）震后现状

受"5·12"汶川地震和"9·24"洪灾的破坏，北川老县城已完全损毁。

"5·12"汶川特大地震灾害令北川羌族自治县的道路扭曲、山体滑坡移位、河流改道，县城被夷为平地，人员伤亡惨重，经济损失巨大。在地震和由地震引起的山体滑坡的双重冲击下，致使北川县城在此次地震灾害中 80％以上的房屋被损毁，100％的建筑成为危房。

灾区人民并没有因此被打倒，在政府的坚强有效领导下，迅速展开自救、互救，军民同心，为挽救生命争分夺秒，上演了一幕幕感人至深、催人泪下的救灾英雄事迹。与此同时，中央政府也无时无刻不关注着灾区的抗震救灾情况。在发生地震后仅 2 小时，时任总理温家宝便飞赴灾区直接指挥救灾；在地震后的第三天，温家宝总理便不顾余震的危险和连日的辛劳，亲临北川县城指挥救灾。5 月 22 日，温家宝总理重返北川考察时，提出将北川老县城作为地震遗址予以保留，修建地震博物馆。

2.震后现状分析

根据北川的震后现状可以把北川震后特征分析概括如下：

（1）抗震救灾事迹集中

从发扬抗震救灾精神、保护民族文化等人文角度来看，北川县城内人员伤亡最为集中，社会高度关注，而各个地点都涌现了许多抗震救灾的感人事迹与人物，国家领导人也多次来到北川指导抗震救灾工作。

（2）地震破坏强烈

北川县城遗址代表了地震对极震区城市的毁灭性破坏。北川地区与地震震中汶川县映秀镇同处龙门山脉，正处于地震破裂前锋的前进方向上，地震波在由震中向北川传播的过程中被严重压缩，积聚了大量能量，集中在北川地区释放，造成地表严重破裂，整个北川新老县城几乎整体被毁。

（3）灾害类型多样

北川县城地势低，四面环山。由于北川地区特殊的地理地质特点，地震震害在造成巨大人员伤亡的同时，引发了大量次生灾害，进一步扩大了灾情，也形成了一定的安全隐患。与地震同时发生的典型地裂断层、山体崩塌滑坡，由山体滑坡阻塞河道形成的堰塞湖，以及大量植被被毁、土质疏松引发的泥石流等涵盖了地震常见次生灾害类型的显著灾害在北川地区均有所分布。

（4）工程破坏类型齐全

地震震害对北川地区建筑造成严重破坏，从工程结构角度分析，由地震造成的工程破坏类型（砖墙体出现对角型斜裂缝；钢筋混凝土结点开裂；房屋发生大变形但不倒塌；地基土发生大变形引起房屋显著倾斜；底层倒塌，上部几层不倒塌；底层不倒塌，上部几层倒塌；底层不倒塌，二楼倒塌，上部几层不倒塌；房屋平面部分局部倒塌；房屋整体倒塌）均可在北川县城地区建筑中找到现场实例。

根据以上的特点与北川的实地调研情况，北川重点保护点为：沙坝"5·12"地震断裂带最大位移点，断裂带裂痕保护点，王家岩滑坡点，魏家沟泥石流，景家山崩塌点等自然遗迹点；铁索桥遗址点，望乡台，北川中学遗址保护点等构筑物遗址点；集中掩埋点，"5·12"临时集中避难点，总书记、总理观察北川灾情观察点等纪念遗址点。

3.定位

北川是汶川地震发震断裂破裂的中段，北川—映秀段的破裂方式为右旋挤压逆冲。城内建筑结构类型齐全，几乎涵盖了所有现代建筑结构类型，倒塌程度和倒塌方式多种多样。两侧大型山体滑坡造成了巨大的灾害，唐家山堰塞湖是本次地震形成的最大的、最危险的堰塞湖。

北川县城遗址代表了地震对极震区（烈度 XI 度）规模最大、毁坏性最强的毁灭性破坏，并且北川是我国唯一的羌族自治县，在地震学、地震地质学、工程地震学、地震应急救援技术、地震社会学、民族学等学科和领域极具研究价值。

北川的抢险救灾是党、政、军、民万众一心，众志成城的集中体现。

遭受整体毁灭性破坏的北川县城将异地重建。在此将要建立世界首座整体保存地震遗址原貌、规模最大的灾难性遗址博物馆，主要意义在于纪念亡灵，警示后人；弘扬不屈不饶、万众一心的民族精神；同时为研究地质构造、预防地质灾害提供科学依据；为有效应对突发灾害，减少灾害损失以及保持社会稳定提供鲜活经验，并且能产生显著的社会、经济效益。

4. 范围划定

（1）重点保护区与一般保护区

北川重点保护区与一般保护区范围划定时，以湔江水系与山体滑坡的景家山、盖头山、王家岩、旧官山等山体和成青路为范围划定的标志性边界。

一般保护区是东从沙坝往南至龙王井、景家山经仁家坪到凉风垭，西由魏家沟尾向北到王家岩、旧官山，最终在沙坝汇合。其包括原县城、任家坪、北川中学等，总面积约 5 平方公里。重点保护区包括原老县城建成区的全部及魏家沟泥石流、断裂带裂缝保护点、王家岩滑坡点和景家山崩塌点等。

重点保护区规划分为：博物馆区与老县城遗址保护区。博物馆区位于任家坪，以永恒的记忆为主题，将对灾难的记忆、事迹的记忆、大爱的记忆、知识的记忆共同凝聚为对北川永恒的记忆。其包括曲山镇灾后重建区、任家坪综合服务区、北川地震博物馆几部分。老县城遗址保护区包括老城区、新城区及周边部分自然环境保护区。以永恒的家园为主题，充分尊重生者和逝者的北川人作为家园的主人，展现家园的历史、家园的环境和家园的未来，以充满勃勃生机的绿色纪念逝去的生命，北川依然美丽。老县城遗址保护区由老城遗址保护区、新城遗址保护区、中心祭奠公园、龙尾山公园和北部综合服务区五部分组成。

（2）建设控制地带

北川建设控制地带的范围考虑了最大边界可取视线所及范围。在建设控制地带可修建新建筑和构筑物，但不能破坏地震遗址遗迹的环境风貌，由于北川地震遗址遗迹范围较大，建设控制地带范围可将其一般保护区范围四周均向外扩 100 米。

（3）环境协调区

环境协调区使北川地震遗址遗迹周边环境与遗址遗迹自身特色相协调，北川环境协调区范围是建设控制地带四周向外扩 300 ~ 1000 米。

5. 保护措施

（1）加固性工程

北川中学宿舍等原有建筑进行钢结构与强化玻璃加固，地震后的北川自然遗迹采取防风化、防腐蚀与防水加固。

（2）加强遗址遗迹管理

北川在政府主导、市场运营的基本框架下，探索所有权、管理权、经营权"三权分离"模式，建立资金保障机制保障博物馆的可持续发展，同时完善经营机制和监督机制，管理与运作实行依法监督、公众参与和舆论监督，并针对地震遗址保护，建立和完善相应的法律体系。

4.1.2 映秀镇地震遗址遗迹景观保护规划

映秀镇地震遗址遗迹景观采用动态保护规划理念：2009—2010 年完成重点保护区内百花大桥、213 国道、天崩石、阿坝州抗震指挥部、老虎嘴纪念点与保护项目与必要服务设施的建设。重点保护区范围内其余保护和建设项目均属二期工程内容，在2010—2011 年建设完成。

震后映秀地区出现了大量的山体破坏面，镇区周边基本找不到一片完整的山体。由于地震的原因，裸露面表层基本处于震散状态，表层极不稳定，随时都有滑落、冲蚀的现象出现，潜在的水土流失强度可以达到剧烈的程度，因此映秀生态恢复显得尤为重要，可采取生态环境保护与生态环境建设并举的措施。

1. 背景概述

（1）区位现状

映秀镇地处成都平原西部边缘，是阿坝州南部门户重镇，是阿坝州对外交通的重要节点，是川西、川北旅游环线的分水岭，东接都江堰、南邻汶川漩口镇、西靠卧龙自然保护区、北通汶川县城及阿坝州各县，也是成都通往九寨沟和卧龙的必经之地。近年来，州内旅游业发展迅速，九寨沟、黄龙寺、米亚罗、卧龙自然保护区、四姑娘山等景点引来国内外众多游客，映秀镇境内的交通也更加繁忙。

岷江贯穿映秀镇区，映秀距离汶川县城威州镇55公里，距离都江堰市45公里（都汶高速公路修通后仅13公里），距离成都市区88公里。213国道、303省道和都汶高速交汇于此。

由于具备便利的交通与丰富的旅游资源，因此在此营建地震遗址遗迹景观，将产生显著的社会效益与经济效益。

（2）震后现状

映秀是汶川地震龙门山中央断裂首破裂点，也是汶川地震的震中区。地震中央断裂首破裂点位于映秀镇牛眠沟，距镇区约2公里。

镇内建筑结构类型较齐，倒塌程度和倒塌方式不一，附近还有大型构筑物（公路、桥梁、水电站）遭受地震破坏。镇区有多种醒目的地震地质灾害现象，如地震造成的地基土液化、软土震陷、地裂缝及地表地震破裂带、山体崩塌、滑坡、泥石流等。

地震造成严重的交通阻塞，救援队伍以徒步、冲锋舟和空降方式进入映秀。时任国务院总理温家宝和时任联合国秘书长潘基文在此会晤，标志着国际社会对汶川大地震的高度关注。映秀是党、政、军、民万众一心，众志成城，排除万难，抢险救灾的见证，也体现了人民群众自救、互救的不屈精神。

2.震后现状分析

汶川映秀镇灾后现状评估后，重点保护点有牛眠沟、漩口中学、百花大桥、213国道、天崩石、渔子溪遇难者公墓、邱光华机组遇难纪念点、温家宝与潘基文会晤处、阿坝州抗震指挥部、楷木林地面断层、老虎嘴等：牛眠沟是"5·12"汶川特大地震的震中点，"5·12"汶川特大地震第一时间从牛眠沟这里开始撕裂大地，巨大的能量把地下岩石击碎，伴随恐怖的巨响，几百万立方米的岩石碎块从地壳中喷射而出，造成奇特而可怕的岩石流，顺山谷呈之字形击打沟谷两侧山体而下，形成巨大的震源喷射口、长达近3公里的岩石流和9处山体击打面这样一个独一无二的震源奇观，地震震中是最特殊，有独特而丰富的地震遗址景观价值。在牛眠沟，从震中喷出的砂石顺山谷下冲，沟里还形成了一个堰塞湖，地震的震中是最特殊的地震自然遗址，其历史价值和科学研究价值具有唯一性；漩口中学是阿坝州的一所著名重点中学，位于映秀镇区中部，在这里能够看到地震对建筑物的破坏程度和破坏的种类，对地震与建筑的研究具有很高的科考价值，该遗址已成为"5·12"汶川特大地震的科考和纪念地；213国道在地震后被损毁，四川路桥集团在抢通都汶路（213国道）时，在老虎嘴处一次性使用30吨炸药将河道炸开，过去的对岸山体古道，现在已变成了咆哮奔腾的岷江，古道从此永远成为人们的记忆；百花大桥在"5·12"汶川大地震中受到地震波的强烈冲击，桥面和下面的水泥石柱严重错位，几根水泥石柱被山上俯冲下的巨石击中，大桥瞬间全部坍塌，成为"5·12"特大地震灾害的著名实体和宝贵遗址；天崩石，地震发生时，一块巨石从广场对面的罗汉岩上飞落下来直落在现在这个位置，至今没有任何移动，也没有做任何处理，只是刻上了"5·12"震中映秀字样，巨石表面基本平整，呈平面状，体积巨大，且在进入映秀镇区的国道旁，是典型的地震遗址景观；渔子溪遇难者公墓是供生者悼念死者的纪念场所；邱光华机组遇难纪念点为缅怀抗震解放军烈士的纪念点；温家宝与潘基温会晤处，时任中国国务院总理温家宝在四川汶川县映秀镇会晤时任联合国秘书长潘基文，地震发生后，国际社会纷纷迅速向中国表示同情、慰问，并提供了资金、物资和人员支援，联合国也向中方提供了紧急援助，这些善举充分体现了世界各国人民对中国人民的友好感情和崇高的人道主义精神；枕木林地面断层，在此次地震中地质灾害发生最严重扭曲变形，集中反映了地震巨大的破坏力；老虎嘴，属于213国道中段抗震救灾纪念路径中的节点，其令人震撼的滑坡，有着较高的教育、科研价值。

根据以上的分析，汶川映秀镇重点保护的 11 个点可分类如下，自然遗迹有牛眠沟、枕木林地面断层、天崩石、老虎嘴；构筑物遗址有漩口中学、百花大桥、213 国道；纪念设施有渔子溪遇难者公墓、邱光华机组遇难纪念点、温家宝与潘基文会晤处、阿坝州抗震指挥部等。

3. 定位

映秀镇遗址代表了汶川地震对极震区（烈度 XI 度）震中的毁灭性破坏，在地震学、地震地质学、地震应急救援技术、地震社会学、民族学等学科和领域有较大的研究价值。

由于映秀是汶川地震的震中区，温家宝总理和联合国秘书长潘基文多次亲临的地方，在汶川地震中地震对镇区建（构）筑物造成了毁灭性破坏，并且映秀是一个羌族、藏族、汉族等多民族聚居区，所以在对其地震遗址遗迹景观的营建应凸显羌藏文化民俗，体现"映秀精神"，呈现融体验、教育、研究、纪念为一体的汶川震中地震遗址遗迹景观。

4.范围划定

（1）重点保护区与一般保护区

映秀镇重点保护区与一般保护区范围划定时，以岷江水系与213国道和老虎嘴、牛眠沟等山体滑坡遗迹点为范围划定的标志性边界线。

根据对映秀地震遗址现状的分析，为确保其地震遗址遗迹景观的完整性与科学性并由对映秀地震遗址遗迹景观定位，对其进行范围划定。一般保护区为北起老虎嘴滑坡崩塌处，南至牛眠沟震中爆发点，东西以岷江及映秀镇建成区为界，包括恺木林地面断层、百花大桥等，总面积约6.4平方公里；重点保护区为老镇区遗址保护区、牛眠沟遗迹区保护区及漩口中学、温家宝总理与联合国秘书长潘基文会晤处、鱼子溪遇难者公墓、老213国道损毁段、天崩石、百花大桥、阿坝州抗震指挥部等。

映秀地震遗址遗迹景观范围的划定对映秀震后遗址遗迹起到了保护作用，也对映秀的生态的修复具有重要的意义。

（2）建设控制地带

建设控制地带的范围应考虑最大边界可取视线所及范围，在建设控制地带修建新建筑和构筑物，不得破坏映秀地震遗址遗迹的环境风貌，因此映秀镇凡用地重要性评估较高及极高区域列入控制地段，控制区域为一般保护区"四至"外延 20 米。

（3）环境协调区

为了使映秀镇地震遗址遗迹周边环境与遗址遗迹自身特色相协调，其控制区域为建设控制地带"四至"外延 50 米。

5. 保护措施

（1）加固性工程

①结构加固——主要针对百花大桥、213 国道、漩口中学等遗址的下沉、歪闪现象。

②地基加固——主要针对漩口中学等建筑遗址本体的下沉、歪闪现象。

③表面封护加固——主要防止风、雨、雪、结露、冻融、紫外线和空气中有害成分对遗址本体外表产生溶解、水化、水解、氧化等风化残损作用。

（2）加强遗址遗迹管理

映秀遗址遗迹管理实施有效的安防与保护措施：设置围栏与排水沟渠，养护遗址本体，必要处安装监控设备，危险地段配置专人守护值岗；与遗址本体安全性关联土地全部由国家征购，土地使用性质改为"地震遗址遗迹用地"；其余土地使用性质严格控制为非建设用地；不得进行损害遗址本体的活动；不得进行任何建设工程或者爆破、挖掘等作业；保护工程设计方案应报地方文物局同意后，再报地方规划局批准，加强管理、制止人为破坏是有效保护映秀镇遗址遗迹景观的基本保障。

4.1.3 汉旺镇地震遗址遗迹景观保护规划

1. 背景概述

汉旺地震遗址遗迹景观采用动态保护规划理念：2009—2010年完成汉旺地震工业遗址纪念地保护规划编制、报批与公布实施及各项工程项目，如重点保护区内震后工业遗址的本体保护、展示利用与管理规划。2010—2011年深化发展保护规划及展示设计，完善工业遗址管理规划，各工程项目继续深化，如保护工程中的重点建构筑物的结构保护监测，深化完善重点建筑物的局部改造工程；展示工程中的陈列布展、游客服务工程、游客服务设施等。2012—2015年与四川省旅游规划、绵竹市及汉旺镇总体规划相协调，逐步建设成为国际性减灾救援训练基地，全民性地震科普教育中心。汉旺地震遗址遗迹规划分为近期、中期、远期，各期实施重点的具体工程项目可根据工程进展和开放需求以及汉旺的生态修复功能进行动态调整。

（1）区位现状

绵竹汉旺遗址遗迹区位于龙门山前山口，南距绵竹城区6.2公里，西、北靠龙门山前山，东北以绵远河为界。

德天铁路南北贯穿绵竹汉旺遗迹遗址区，区内主要道路有顺河路、迎宾路、集贤路等，成青公路从区外北侧通过。

（2）震后现状

绵竹汉旺遗迹遗址区是汶川地震龙门山前山断裂带通过地。区内西部为东汽汉旺厂区，中部为汉旺城镇老街区，东南部为东汽生活区和汉旺工业区。

东方汽轮机厂汉旺厂区，工业建筑类型齐全，倒塌程度和倒塌方式多种多样，铁路扭曲，火车出轨；部分标志性建筑物遭受了严重的破坏。东汽汉旺厂区既有现代化的工业建筑，又有现代标志性建筑。钟楼四面时钟的指针都定格在 14 点 28 分。神武汉王石刻是东汽员工虽经地震但精神不倒的象征。

2.震后现状分析

对绵竹汉旺镇灾后现状进行评估，根据工业遗址价值、教育价值、科研价值等，对汉旺镇工业地震遗址进行保留与保护，把汉旺震后重点保护点进行分类，大体分为三类：自然遗迹、构筑物遗址、纪念设施。由于汉旺遗址代表了工业区的破坏，因此构筑物遗址中工业遗址较多。

自然遗迹有龙门山前山断裂带和西山坡断层点。龙门山前山断裂带位于绝缘桥左侧 30 米处，属于严重的地质断裂带原貌破坏的代表之一，对研究地层断裂带现象具有重要的科研价值。西山坡断层距东方汽轮机厂遗址保护区 500 米，是研究地震地质变化和地震断裂带较为明显的地方，保存基本完整，具有研究价值。构筑物遗址有绝缘桥、小火车站台、东汽汉旺厂房区、镇政府遗址、神武汉王石刻和钟楼等。绝缘桥位于官宋棚水利枢纽下 100

米处，堰塞湖实施爆破后，汉旺镇绵远河突发特大洪水将其冲断了三分之二，该断桥遗址将原状保护而不再修复；东汽汉旺厂房区以叶片分厂、船机分厂、装备分厂、主机一分厂、东汽热电厂、动力分厂、专家楼等遗迹为主要保护点和重要保护目标；镇政府遗址在汶川大地震中，两幢四层、一幢三层的小楼就地轰然倒塌，17 位政府干部的生命瞬间逝去，汉旺镇政府几幢办公楼已成废墟，仅存一垛残破不堪的门墙；神武汉王石刻位于汉旺镇集贤路口，是汉旺城镇的中心地带，石刻面向大山和东汽厂区，背面为东汽厂宿舍区，左右均为商业繁华地带，地震造成了石刻雕塑损毁的惨烈之状，将士的头虽断，但仍然挺立，体现了克服困难的精神；钟楼位于广场东侧角，高 20 米，汶川地震中，时钟的指针永久停留在 14 时 28 分，震后，20 米高的钟楼屹然坚定地挺立着，诠释了东汽人民和汉旺人民不屈不挠的抗争精神，是汉旺的标志性建筑。纪念设施为遇难者公墓。地震遇难者公墓与沿山公路相连接，公墓已由东方汽轮机厂总规划并全面维修，现已开放接纳凭吊死难者。

3.定位

绵竹汉旺遗址代表了汶川地震对位于强震区（烈度 IX 度）工业区的毁灭性破坏，在地震学、地震地质学、工程地震学、地震应急救援技术、地震社会学、工业遗址等学科和领域有一定研究价值。

由于东汽汉旺厂曾是一个现代化、交通方便、生活设施齐全的工业园区，并且在汶川地震中工业构筑物的坍塌具有典型性，因此在绵竹汉旺建设以工业为主题的地震遗址遗迹景观，具有一定的象征意义和社会经济效益。

4. 范围划定

（1）重点保护区与一般保护区

汉旺镇重点保护区与一般保护区范围划定时，以绵远河水系与山体龙门山前山、集贤路与迎宾路、德天铁路为范围划定的标志性边界线，并且根据对汉旺地震遗址自然遗迹、构筑物遗址和纪念设施的分析和地震工业遗址的完整性、地震工业遗址特性的真实性、保护措施的有效性和可操作性以及对绵竹汉旺镇地震遗址遗迹景观的定位——震后工业遗址景观，汉旺地震遗址遗迹景观范围划定为以下区域。

一般保护区：北起绝缘桥、西至龙门山前山脚、东至集贤路与迎宾路、南抵德天铁路支线，包括汉旺东汽厂区及城镇老街等，总面积约 0.9 平方公里。重点保护区：工业生产遗址保护区、汉旺钟楼、神武汉王石刻、汉旺镇政府、绝缘桥、地震遇难者公墓、厂区西山坡断层保护点等。

（2）建设控制地带

汉旺镇建设控制地带为集贤路与迎宾路以东（绵远河以西）的东汽生活区与汉旺工业区，对其划定目标以保护工业为主，与地震遗址遗迹历史环境的完整性和环境风貌的协调性进行相应设施建设的控制。

（3）环境协调区

汉旺镇的一般保护区与建设控制地带边界外山水结构，主要为龙门山及绵远河范围与汉旺厂区南部辅助流程部分划定为环境协调区。

5.保护措施

（1）加固性工程

汉旺镇遗址由于大型工业建筑较多，所以在对其加固时采取局部设临时支撑，采用拉索维持屋架高空形态，工业建筑屋架与柱头连接，震损支撑除防腐处理，适当加固墙板与柱的连接方式，使得工业厂房遗址得以安全加固并保留。

（2）加强遗址遗迹管理

汉旺遗址遗迹管理与北川相似。在政府主导、市场运营的基本框架下，探索所有权、管理权、经营权"三权分离"模式，建立资金保障机制保障汉旺震后工业遗址的可持续发展，同时完善经营机制和监督机制，管理与运作实施依法监督、公众参与和舆论监督，并针对地震遗址保护建立和完善相应的法律体系。

4.1.4 深溪沟地震遗址遗迹景观保护规划

深溪沟地震遗迹景观采用动态保护规划理念：2009—2010年完成重点保护区重点展示与保护项目与必要服务设施的建设。重点保护区范围内其余保护和建设项目均属二期工程内容，在2010—2012年建设完成。

深溪沟对地震遗迹区的地貌、植被进行生态功能修复，使震后深溪沟环境状况得到根本改善，生态系统良性循环。

1. 背景概述

（1）区位现状

深溪村位于都江堰市西北部山区，距都江堰市 15 公里，距虹口乡政府所在地约 6 公里。深溪村是大熊猫"遗宝"的发现地，因此是世界自然遗产的重要组成部分。

都江堰作为一个国际级的旅游城市，拥有世界自然、文化双遗产资源和深厚的文化渊源。其地处成都市西北部，距成都 38 公里，距成都双流机场 68 公里，距成都火车北站 55 公里，国道 213 线、都汶高速、成青快速通道、青城山—都江堰轻轨等汇集于此，快捷的交通条件，区位条件优越。同时也是二千多年前，中国战国时期秦国蜀郡太守李冰及其子率众修建的一座大型水利工程所在地，以旅游业著称。

深溪沟在龙溪—虹口国家级自然保护区内。综上所述，深溪沟周边旅游资源极为丰富，在此营建地震遗迹景观，可吸引较多的民众参观，能够带动深溪沟与周边地区的旅游与经济更好地发展，对地震后的恢复重建工作具有非常积极的作用。

（2）震后现状

深溪村与 5·12 地震中心（映秀牛眠沟）隔山相望，直线距离仅 14 公里。沿龙门山断裂带的中央断裂形成的地表地震破裂带（地震断层）通过深溪沟，切断乡村公路和地面，最大垂直位移近 6 米，水平位移近 5 米，运动方式为右旋—逆冲，是沿整条汶川地震断层同震位错幅度最大的场所。在长约 3 公里的地段内，有多处水泥路面、山坡地面被地震断层断错、拱曲变形和开裂，民房严重移位，树木随断层推覆体呈现不同角度倾斜，行驶中的汽车悬于高度倾斜的路面。

汶川地震重灾区地形地貌复杂、植被覆盖面大，深溪沟有一定规模的地表地震破裂带（地震断层）十分罕见。深溪沟地震破裂带地貌景观对比强烈，视觉冲击力明显。

2.震后现状分析

由于沿龙门山断裂带的中央断裂形成的地表地震破裂带（地震断层）通过深溪沟，切断乡村公路和地面，最大垂直位移近 6 米，水平位移近 5 米，是沿整条汶川地震断层同震位错幅度最大的场所，震后的构筑物遗址与自然遗迹联系紧密，并且以自然遗迹居多，具有很大的地震地质科研研究价值，因此，深溪沟是汶川地震遗址遗迹纪念景观中唯一的自然遗迹景观。由于深溪沟震后构筑物与自然遗迹遗址联系密切，因此在对其震后构筑物与自然遗迹的划分并不那么明确，其震后主要保护遗迹点有林家私房入户道路断裂遗迹、林家私房群破坏遗迹、杨学云私房遗迹、道路变形错动遗迹、断桥、小汽车遗迹、麻柳坪地震遗迹、两山合一遗迹等。

3.定位

具有罕见的大规模地表断裂、地震断层和房屋设施的破坏状况，因此深溪沟是汶川地震四地遗址遗迹纪念景观中唯一的以地震自然遗迹为主的景观。

深溪沟地震遗迹代表了在汶川地震极震区（烈度 X 度）地表地震破裂带（地震断层）的同震位错及其引起的地面破坏与变形现象，在地震学、地震地质学、地震科普等学科和领域具有更为直观的科学研究价值。

4. 范围划定

（1）重点保护区与一般保护区

根据深溪沟震后主要遗迹保护点的划定与其周边地形环境，秉着对深溪沟遗址划分坚持完整、真实的原则，以《汶川地震灾后恢复重建条例》（国务院 526 号令）、四川省人民政府地震遗迹遗址与博物馆建设工作会议精神、《"5·12"汶川地震遗址、遗迹保护及地震博物馆规划建设方案》《"5·12"汶川特大地震四川省遗址遗迹地规划范围》《都江堰虹口乡深溪沟地震遗迹纪念地策划方案》等为依据，对深溪沟地震遗迹景观重点保护区与一般保护区范围进行划定。

一般保护区：西北以规划道路为界，东南以燕岩公路中线向东南偏移 50 ～ 150 米并结合地形地貌划定，两端以林家坪与麻柳树向外扩 5 ～ 20 米为界，总面积约 32.64 公顷。重点保护区：燕岩公路沿线，从林家坪至麻柳树，长约 2.24 公里，宽约 50 米的范围和林家私房遗迹点本体及其周围 5 ～ 20 米。

深溪沟地震遗迹景观重点保护区与一般保护区范围的划定具

有科学性，并符合深溪沟地震遗迹景观主题内容：汶川地震四地遗址遗迹纪念景观中唯一的地震自然遗迹景观。

（2）建设控制地带

在建设控制地带可修建新建筑和构筑物，但不能破坏地震遗址遗迹的环境风貌。深溪沟地震遗迹面积较小但遗迹内容较为集中，结合以后参观深溪沟人流量的疏散与交通等问题，其建设控制地带范围可将其一般保护区范围四周均向外扩 100 米。

（3）环境协调区

环境协调区使深溪沟地震遗迹周边环境与遗迹自身特色相协调。深溪沟环境协调区范围是建设控制地带四周向外扩 100 米。

5.保护措施

（1）加固性工程

深溪沟震后重点保护建筑物进行钢结构与强化玻璃加固，地震后的深溪沟构筑物遗址与自然遗迹采取防风化、防腐蚀与防水加固。

（2）加强遗址遗迹管理

深溪沟遗址遗迹管理与北川和汉旺相似。在政府主导、市场运营的基本框架下，探索所有权、管理权、经营权"三权分离"模式，建立资金保障机制保障深溪沟遗址遗迹的可持续发展，同时完善经营机制和监督机制，管理与运作实施依法监督、公众参与和舆论监督，并针对地震遗址保护建立和完善相应的法律体系。

4.2 汶川地震遗址遗迹景观展示利用

4.2.1 北川地震遗址遗迹展示利用

北川地震遗址遗迹由于其复杂性与多样性，在对其进行景观保护规划时运用了面状地震遗址遗迹空间景观展示规划结构模式，将核心区分为博物馆区与老县城遗址保护区进行规划。

北川地震博物馆展示包括北川地震遗址遗迹现场展示、科普展示与地震体验展示等。其中科普展示与地震体验展示有地震科普知识、多媒体、相关图片资料、救护技能训练厅、可控地震震动台，三维数字影院，仿真与虚拟现实系统，地震体验馆，地震体验场等。与四川省地震工作主管部门衔接，建立开放式的标准地震台，科普展示与地震体验展示是展示内容中的学术研究和科学普及相结合部分，属于展示方法里的体验展示，内涵展示中的有形展示内容。科普展示与地震体验展示利用科学手段能给人们带来更直观的感触与体验，使人们从中获得相关地震的科普知识。北川地震博物馆展示中的北川地震遗址遗迹现场展示，由于遗址遗迹面积较大，所以采取露天展示方法较多。露天展示能够非常真实地展示北川震后的原貌，但在展示时要注意可持续利用原则中的可逆原则和真实性原则中的可识别性原则的运用，使北川的地震遗址遗迹不遭到破坏的同时并且能够真实地反映北川的遗址遗迹震后现状，向世人提供展示的真实平台。

除了北川地震博物馆展示还有老县城遗址保护区的展示，其包括重要事件发生地展示、重要建筑物（构筑物）展示、典型地质破坏以及点展示、废墟展示、纪念设施展示等。

其中重要事件发生地展示包括"5·12"临时集中避难点、北川灾情观察点等，这些重要发生地点的展示是地震来临时或之后感人事迹场所的再现，由于场所的展示较为抽象，在对其展示时可以以具象的雕塑或说明牌等展示方式向人们展现当时的真实场景；重要建筑物（构筑物）展示，由于北川为迄今为止世界上最大的地震遗址遗迹景观，根据建筑工程破坏类型特点，老县城遗址保护区对建构筑物进行保护级别划分进行展示，确定了 16 个一类保护建构筑物展示点，有粮食局、北川大酒店、电力公司、铁索桥遗址点等，结合重要事件保护点、重要城市空间节点等祭奠展示内容，确定二类保护建构筑物展示约 200 多处，地震遗址中的建构筑物由于地震的破坏使其骨架像构筑物的剖面图或结构图，从而真实地展示在人们面前，所以在对其展示原则上采取尊重历史、满足真实性原则中的最低干预与可读性原则，这样既可以使建筑构筑物得到较好的展示，又可以使原遗址构筑物与展示措施相区别。展示方法上，由于构筑物的体量与面积较大，所以一般采取露天展示，但是要对构筑物进行加固与防风化等措施的处理。典型地质破坏遗迹点展示包括沙坝"5·12"地震断裂带最大位移点、断裂带裂痕保护点、王家岩滑坡点、景家山崩塌点等，地震自然遗迹点的展示对地质的研究具有很重要的意义，所以在展示原则上采取整体性保护、可持续利用的原则和尊重历史、满足真实性原则相结合。在展示方法上，由于王家岩滑坡点、景家山崩塌点的面积与体积巨大，只能采取露天展示，由于这两个遗迹点是滑坡与崩塌所致，在展示时应该考虑到人们参观的安全性，所以应设置围护栏，可向人们远距离展示，断裂带裂痕保护点由于面积较小并且较容易风化，沙坝"5·12"地震断裂带最大位移点高差较大，所以均不适宜露天展示以及覆盖展示中的保护棚展示，因此可采取覆盖展示中的博物馆展示方法。纪念设施展示为集中掩埋点，是对地震中逝去的北川人民的祭奠场所，以"留白"的手法给世人以寄托哀思与怀念遐想的空间。废墟的展示，保护区留存大量倒塌建筑的废墟，选取3处作为废墟较为集中的展示点，分别是老县城区块集中废墟地、新老城区交界区块废墟地、信用社和县政府区块废墟地，由于这三处废墟较为集中，所以可给人们带来非常震撼的感受，使人感受到巨大的自然威力。

老县城遗址保护区的重要事件发生地展示，即使在发生地放置实体雕塑或解说牌等，但是还是给人以想象的空间，属于无形展示中的精神展示，若只是给人们以遐想的空间不放置任何的实体则属于无形展示中的"留白"展示；重要建筑物（构筑物）展示、典型地质破坏以及点展示、废墟展示均属于有形展示，以震后的遗址遗迹直接与人们进行对话；集中掩埋点的纪念设施展示只是提供给人们悼念的场所，所以属于无形展示中的"留白"展示。

北川地震博物馆展示包括北川地震遗址遗迹现场展示、科普展示与地震体验展示。老县城遗址保护区的展示包括重要事件发生地展示、重要建筑物（构筑物）展示、典型地质破坏以及点展示、废墟展示、纪念设施展示等。

4.2.2 映秀镇地震遗址遗迹展示利用

（1）实施细则

①映秀镇展示规划主要根据遗址保护的安全性，遗址点的代表性，遗址保留的完整性、真实性、可观赏性和交通服务条件等综合因素进行策划。

②映秀不可移动遗址必须具备开放条件方可列为展示目标。

③映秀不可移动遗址一律实施遗址保护性展示，不得在原址重建。

④不可移动遗址展示的开放容量应以满足文物保护要求为标准，必须严格控制。

⑤所有用于遗址展示服务的建筑物、构筑物和绿化的方案设计必须在不影响文物原状、不破坏历史环境的前提下进行。

⑥遗址展示设施在外形设计上要尽可能简洁，淡化形象，缩小体量；材料选择既要与遗址本体有可识别性，又必须与环境和谐，并尽可能具备可逆性。

⑦个别遗址纪念点（如漩口中学）设立展示厅，陈列展示映秀地震遗物及模拟再现地震发生时刻情景等，以丰富参观内容。

⑧尊重历史场景。

（2）展示分区

根据映秀镇震后地震遗址遗迹的分布情况，把映秀镇规划展示分为三个区，分别为震中纪念组团、镇区纪念组团、老虎嘴纪念组团。

震中纪念组团（A区）：百花大桥、213国道、牛眠沟等。

镇区纪念组团（B区）：漩口中学及映秀镇地震遗物展示厅、天崩石、渔子溪遇难者公墓、邱光华机组遇难纪念点、温家宝与潘基文会晤处、阿坝州抗震指挥部、桤木林地面断层等。

老虎嘴纪念组团（C区）：老虎嘴等。

（3）展示内容（图4-1）

A区：震中纪念组团展示分为震源广场展示与牛眠沟遗迹展示。

震源广场包括牛眠沟入口服务中心、原213国道牛眠沟段及百花大桥遗址，是牛眠沟震中遗址公园及百花大桥遗址纪念节点入口标志性场所、服务中心和安全避难点。其保留保护原213国道及百花大桥遗址段，沿原213国道新建双车道道路，通往牛眠沟入口。牛眠沟入口规划设计震源广场，作为节点的标志性集散中心，震源广场北侧设置服务中心和避难站、停车场以及自行车停放场，服务于整个震源广场及百花大桥遗址。震源广场入口标志性场所可以归为纪念场所的展示，但是震源广场具有疏散、服

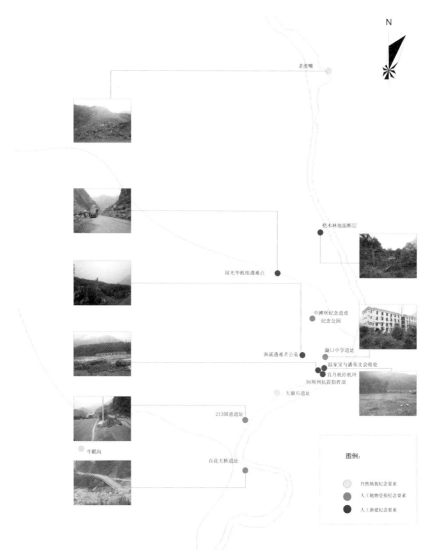

图 4-1 映秀展示实景位置图
（来源：作者根据调研拍摄绘制）

务、避难、纪念等综合功能，属于内涵展示里的无形展示中的"留白"展示，既给人以综合服务功能，又是进入映秀地震遗址遗迹前的前奏空间，从而给人以遐想。原 213 国道及百花大桥遗址展示以保留原貌为主，采用最少干预与可识别原则对其进行保护与展示，在展示方法上，由于这两处遗址体量与面积较大，主要采用露天展示，局部可采用覆盖展示。

牛眠沟山顶是震中原点，地震发生时山顶喷出大量粉末状泥浆及石块，形成的泥石流淹没了整个牛眠沟，并形成了牛眠沟堰塞湖和牛眠沟瀑布，其景象非常震撼。牛眠沟遗迹展示，以展示震中遗址现场为主，实施整体保护展示，以尽量减少人工干预为前提，采取露天展示的方法，对不宜让人靠近的地区采取自然材料进行维护，努力实现遗址的自然遗迹震撼性，同时为地质研究提供接近最原始的素材。

B 区：镇区纪念组团展示。漩口中学及映秀镇地震遗物展示厅的展示，漩口中学遗址较为齐全地集聚了地震对学校建筑物的破坏程度和破坏的种类，对地震与建筑的研究具有很高的科考价值，并且漩口中学作为"5·12"地震一周年重大纪念活动集会场所，具有纪念展示的意义。基地上除保留具有纪念与科研价值的建构筑物外，废墟予以清理，但将建筑墙基和校园部分环境保留，呈现校园原有肌理，并新建展厅、影视厅及其他相关辅助用房作为映秀镇地震遗物展示厅。漩口中学由于遗址面积较大，所以采用露天展示。建筑遗址周围以大片绿化围合，远离道路，既满足生态的恢复，又遵循整体性保护展示和可持续利用的原则。

漩口中学倒塌的主体建筑前，空旷的广场采用"留白"展示，留给人们以寄托哀思与遐想的空间。天崩石的展示，飞落的巨石直落在现在这个位置，至今没有任何移动，也没有任何处理，只是刻上了"5·12"震中映秀字样。其展示采用遵循真实性的原则的最低干预原则，由于巨石体量大且具有较强抵挡风雨日晒的能力的特性，所以采取了露天展示的方法，更能够反映当时地震发生时的情景。渔子溪遇难者公墓展示，将建为永久性公墓，成为人们吊唁与纪念的场所，其展示与生态相结合并非只是阴冷的公墓，而是给人以抗震精神的传达。邱光华机组遇难纪念点的展示，抗震救灾解放军烈士纪念地，该地形险峻，落石成堆，在对其展示时尊重现状及历史形态，在保证安全和道路畅通的情况下保留原有石堆，与纪念石构成纪念场所，提供人们向英雄纪念的空间。此展示以有形的堆石展示体现无形的英勇抗震精神。桅木林地面断层展示，遵循最低干预原则和可识别性原则对其进行展示，由于桅木林地面断层面积不是很大，在展示方法上可采用覆盖展示的博物馆展示，既能使遗址不受风雨侵蚀，又能使其成为地质研究鲜活的"教科书"。

　　C区：老虎嘴纪念组团展示。其震撼的滑坡遗址，有着较高的教育、科研价值，遵循整体性保护和可持续利用的原则与尊重历史、满足真实性的原则对其进行展示，由于遗址面积体量较大，所以采用露天展示方法，可设置围栏将其进行维护展示。

（4）展示路线

方案一：

A 区—B 区—C 区

方案二：

C 区—B 区—A 区

此路线为专程前来探访映秀，但不作过夜停留的人群设计。以镇区内公共车行、步行系统为依托，串联起各个纪念点，可根据需要前往相应的纪念场所参观。

（5）交通组织

①规划要求

a.以现有道路系统为基础，改善路面质量。

b.局部修建新路段，沟通各展示区的便捷道路。

c.有利于全镇、全县道路系统规划的衔接。

②展示区路线

a.根据映秀镇各遗址点实际情况，各展示区区内交通为步行和机动车代步。

b.各展示区的区间机动车交通由现状路组成。

（6）展示服务设施

a.展示服务点的服务内容根据展示区规模确定，大小不一，内容包括图片展示、影像解说、纪念品小卖部、公共厕所、摄影服务等。

b.展示服务设计位于遗址文物管理用房内，使用面积纳入管理用房统一设计。

（7）空间展示结构

映秀地震遗址遗迹分布较为集中，形成三个组团：震中纪念组团、镇区纪念组团、老虎嘴纪念组团。所以运用了点状地震遗址遗迹空间展示结构模式，使映秀遗址遗迹展示有的放矢并富有韵律与变化。

4.2.3 汉旺镇地震遗址遗迹展示利用

汉旺地震遗址遗迹由于以工业地震遗址区展示较为集中，所以在对其进行景观保护规划时运用了面状地震遗址遗迹空间景观展示规划结构模式。

汉旺镇自然遗迹有龙门山前山断裂带（图4-2）和西山坡断层点，两者均属于具有重要科研价值的地质遗迹。对其展示遵循尊重历史、满足真实性的原则中的最低干预原则和可识别性原则，由于这两个遗迹点体量与面积较大且具有较强抵挡风雨日晒的能力的特性，所以可采取露天展示的方法，龙门山前山断裂带和西山坡断层保持自然遗迹原貌，对其展示时可设置围栏或木栈道对其进行保护展示。

构筑物遗址有绝缘桥、东汽汉旺厂房区、镇政府遗址、汉旺石刻和钟楼等（图4-3、4-4、4-5、4-6），这些遗址的展示对以后的震后工业遗址研究具有很大参考价值。绝缘桥的展示，该断桥遗址将原状展示不再修复，遵循尊重历史、满足真实性的原则，由于绝缘桥体量较大，所以采用露天展示的方法，可设置木栈道或架设平台等方式对其进行展示参观；东汽汉旺厂房区展

图 4-2 汉旺龙门山前断裂带图

（来源：作者调研拍摄）

图 4-3 汉旺绝缘桥

（来源：作者调研拍摄）

图 4-4 东汽汉旺厂房
（来源：作者调研拍摄）

图 4-5 汉旺石刻
（来源：作者调研拍摄）

图 4-6 汉旺钟楼

（来源：作者调研拍摄）

示，对东汽汉旺原厂址整体性展示体现原工业厂址的肌理，尊重原厂房区历史的原则，建筑损毁较低的大跨度工业厂房，如船机分厂、装备分厂、东汽热电厂、动力分厂等，遵循满足真实性的原则中的最低干预原则和可识别性原则对其进行展示，其中损毁极低的装备分厂，在安全的前提下，可结合原厂房的使用功能适当向人们体现原工厂的工作场景，展现其工业厂房的"原真性"，使地震的科研价值与工业价值都得到体现；镇政府遗址展示，遵循尊重历史、满足真实性的原则，以废墟的形式仅保存镇政府一垛残破不堪的门墙，给人以遐想的空间，体现汉旺地震遗址的残缺之美与意境之美，由于残破门墙抵挡风雨日晒的能力较强，所以在展示方法上可采取露天展示，但是还是要做必要的结构加固和表面做防风化防水等处理；汉旺雕塑展示，展示石刻雕塑将士头虽断，但仍然挺立、克服困难的精神，采用尊重历史、满足真实性的原则中的最低干预原则和可识别性原则对其进行展示，石刻雕塑具有较强抵挡风雨日晒的能力，所以采取露天展示方法，能够更好地融入汉旺地震遗址遗迹整体环境风貌中去，此展示属于无形展示的精神展示，对英勇抗震精神与克服困难之精神寓意进行展示；钟楼的展示，汶川地震中，钟摆永久停留在 14 时 28 分，震后，20 米高的钟楼屹然坚定地挺立着，展示了东汽人民和汉旺人民不屈不饶的抗争精神，遵循尊重历史、满足真实性的原则中的最低干预原则和可识别性原则对其进行展示，由于钟楼建筑基本完好，做适当加固措施后，可运用露天展示的方法向人们展示。

纪念设施为遇难者公墓（图 4-7）。遇难者公墓的修建，为

图 4-7 汉旺遇难者公墓
（来源：作者调研拍摄）

人们提供凭吊与纪念的场所，属于纪念展示中的墓地展示，但不同于以往碑林满目的墓地展示，使人产生恐惧，而是采用"留白"的手法，给人们产生思索与吊唁的空间。

4.2.4 深溪沟地震遗址遗迹展示利用

深溪沟地震遗迹——地震断裂带形成的地表破裂为较为集中的狭长状地震遗迹群，在进行景观保护规划时就是采用了带状遗址遗迹景观保护规划结构模式，并以木栈道的交通手段将深溪沟地震遗迹纪念景观整体联系起来，使得交通更为通畅。

深溪沟地震遗址遗迹展示分为：游览前区展示、北段集中展示区和南段一般展示区。

游览前区展示（图4-8）由纪念广场和陈列馆等组成。纪念广场由黑白两色块石铺地，中部为下半旗的国旗，四周设四处汉白玉花环，环中各立一根黑色石柱代表汶川四大遗迹地。纪念广场的展示为纪念场所的展示，黑白两色石铺地、下半旗的国旗、汉白玉花环、黑色石柱等元素起到渲染缅怀场所气氛的目的，且为深溪沟地震遗址遗迹展示提供了前奏空间。陈列馆陈列5·12地震的有关信息和本区地震、地质研究成果，以及深溪村、虹口的灾损情况介绍；其地下室布置以灾后废墟为装饰的地震体验室，观赏地震机理演示、体验地震实感。陈列馆将学术研究和科学普及相结合，调动了人们参与其中的积极性，使参观者对地震知识有着更直观的了解，且能亲身体验地震来临时的真实状况，并从中受到教育。

北段集中展示区（图4-9）由燕岩路北段以及附近分布的林家私房（图4-10）、杨学云私房（图4-11）等遗迹点和1、2、3号节点构成。林家私房入户道路断裂遗迹的断层展示，遵循尊重历史、满足真实性的原则，将断面的展示引入室内进行展示，

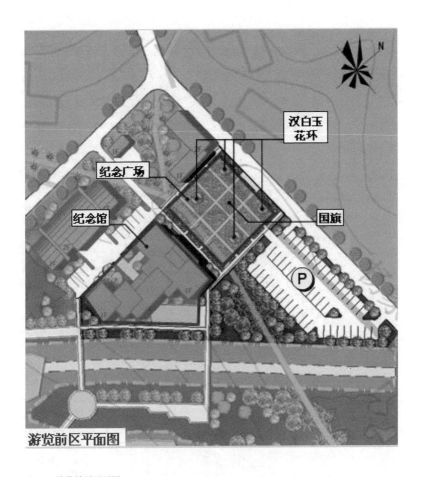

图 4-8 游览前区平面图
（来源：作者绘制）

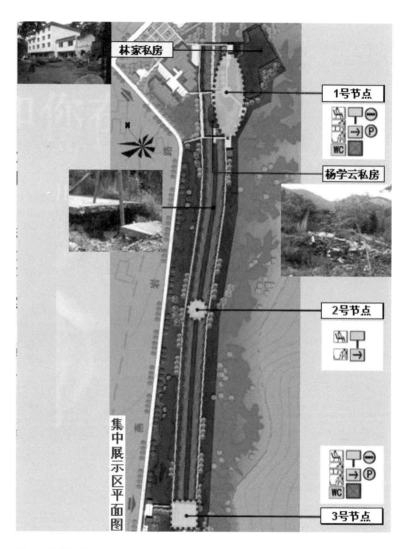

图 4-9 北段集中展示区平面图

（来源：作者绘制）

图 4-10 林家私房实景
（来源：作者调研拍摄）

图 4-11 杨学云私房实景
（来源：作者调研拍摄）

属于覆盖展示中的博物馆展示方式。林家私房、杨学云私房遗址的展示遵循尊重历史、满足真实性的原则，对两处遗址展示其震后原貌，采用露天展示的方法但要做适当的内部结构加固和表面做防风化等技术措施的处理。由于深溪沟为狭长断裂带，并且为了将其遗址遗迹更好地展示给参观者，因此设置节点展示：1 号节点由就近观察林家私房等遗迹点的环形木栈道构成，进入处设置导游牌、遗迹点设置解说牌、局部设置摄影点和休息平台；2 号节点为跨越燕岩路的木平台，供改变游览道路和观察视角使用；3 号节点为集中展示区的尽端，设跨越燕岩路的木平台、休息亭，供观察本段遗迹全景使用。木栈道、木平台、休息亭等设施的设置对整个北段集中展示区提供了展示手段，并且遵循整体保护展示的原则，木栈道、木平台、休息亭都具有可逆性，使得北段集中展示区遗址遗迹资源得到可持续利用。

南段一般展示区（图 4-12）由燕岩路南段，以及附近分布的麻柳树、白果树包、陈家坪损毁桥梁、小汽车等遗迹点（图 4-13、4-14、4-15、4-16）和 4、5、6 号节点构成。陈家坪损毁桥梁展示，遵循整体性保护和可持续利用原则中的可逆性原则——设置木栈道展示，为了使陈家坪损毁桥梁遗址与周围环境相融合且其具有较强抵挡风雨日晒的能力的特性，可以采取露天展示方法进行展示。白果树包与麻柳树遗迹点与陈家坪遗迹点相似，所以在对其进行展示时可采取类似的展示方法与原则。小汽车遗迹点的展示，遵循尊重历史、满足真实性的原则，将小汽车在地震来临之时倾斜于道路之上的原貌展示在人们面前，展示方法上采取覆盖展示中的结构棚展示，既能够使小汽车遗迹得到保护，又能将其展示在地震发生的环境中，不与环境相隔绝。4、5、6 各节点均设置环形木栈道，并相应配置摄影点、休息平台、坐凳、垃圾筒和解说牌等；其中 6 号节点为全区游览的起（终）点，除按一般节点进行布置外，另增设导游牌、管理点和小卖部服务点，这些节点的设置与北段集中展示区 1、2、3 节点相似，均能够更好地展示深溪沟遗址遗迹，并且其方法为可逆的，对遗址遗迹遵循了可持续与整体保护与展示的原则。

图 4-12 一般展示区平面图

（来源：作者绘制）

图 4-13 麻柳树实景
（来源：作者调研拍摄）

图 4-14　白果树包实景
（来源：作者调研拍摄）

图 4-15 陈家坪损毁桥梁实景
（来源：作者调研拍摄）

图 4-16 小汽车遗迹点实景
（来源：作者调研拍摄）

4.3 小结

　　汶川四地地震遗址遗迹在选址上具有典型性：北川老县城为世界首座规模最大、保存最完整的地震遗址景观地；汶川映秀镇为地震震中遗址景观地；绵竹汉旺镇为震后工业遗址景观地；都江堰虹口深溪沟为震后自然遗迹景观地，并且在对汶川地震遗址遗迹的选址上，还综合考虑了区位因素、交通因素、可行性因素等。区位的协调发展因素：北川老县城地震后旅游资源丰富且受损最为严重；汶川映秀为这次地震的震源地，国家和人民关注度高；绵竹汉旺镇震前是著名东汽工业区的所在地；深溪沟以都江堰丰富的旅游业为依托，四地地震遗址遗迹所带来的旅游资源能够更快地带动本地区以及周边地区震后经济的增长。交通便利的因素，通向汶川四地地震遗址遗迹的交通都较为便利，为以后到达四地遗址遗迹旅游提供了可达性。可行性以科学为依据，汶川四地地震遗址遗迹纪念景观的选址是经过四川省地震局、四川省水利局、四川省建设厅等相关部门经过调研、测量、计算、评估等程序上报为国家级地震遗址遗迹景观地，这样既防止了四处地震遗址遗迹景观建成后由于次生灾害的发生而使地震遗址遗迹的完整性遭到破坏，也确保了地震遗址遗迹的真实性与保存的价值性。

在对汶川四地地震遗址遗迹景观进行规划时均采用了动态保护规划理念，对四地范围划定、实施时间、保护措施等都具有可调整性，汶川四地地震遗址遗迹景观保护规划从选址到规划都是从全局观念考虑、保护、开发和利用，而不是孤立静止地对待地震遗址遗迹。汶川四地的遗址遗迹景观展示利用，将第三章的展示利用理论运用到实践中，做到了从一般理论到特殊实例运用的结合，得出汶川地震遗址遗迹展示保护规划的内容。

第五章　讨论与结论

5.1 地震遗址遗迹景观保护规划与展示优点与不足

5.1.1 地震遗址遗迹景观保护规划与展示优点

汶川四地地震遗址遗迹具有一定的特殊性——范围较大，摧毁较为严重，在对其进行保护规划与展示时具有有别于以往地震遗址遗迹保护规划与展示的优点。

1. 尊重地震遗址遗迹景观保护规划与展示

地震遗址遗迹景观保护规划与展示首要问题是——保护问题。汶川四地地震遗址遗迹景观保护规划与展示利用在遗址遗迹保护先行的前提下，对其进行规划与展示。

因为汶川四地地震遗址遗迹具有其一定的特殊性——遗址遗迹范围较大，摧毁较为严重，所以首先对四地震后现状进行分析后，将具有代表性的震后自然遗迹点、构筑物、纪念遗址点进行筛选，并将其与其相应环境划定为重点保护区，然后再划定一般保护区等。重点保护区与一般保护区的划定对汶川四地地震遗址遗迹的保护具有突出重点的作用，并且汶川四地建设控制地带与环境协调区保护范围的划定对地震遗址遗迹重点保护区与一般保护区起到了积极的保护作用。汶川四地的展示利用遵循了以保护为主的原则——在确保不对地震遗址遗迹造成破坏的前提下才能够考虑展示的问题，做到遗址遗迹资源的可持续利用。汶川四地展示以保护为前提采用露天张拉膜与覆盖展示，并多采用可逆性方式——木栈道展示，既保护了地震遗址遗迹不受到损坏，又很好地将地震遗址遗迹展示给游客。

以保护为主的汶川四地地震遗址遗迹景观规划与展示，比移址重建的唐山遗址遗迹公园更具真实性与研究性价值，在对汶川四地地震遗址遗迹不造成破坏的前提下，在其保护范围内规划设置相应的配套设施，比中国台湾9·21地震教育园的规划更为完善，更能够带动当地的旅游业的发展。

2. "生态博物馆"[1]理念的运用

生态博物馆坚持一个基本观点，即文化遗产应原状地、动态地保护和保存在其所属环境中，以某种意义上讲，遗产环境等同于"博物馆"的建筑面积。[2]生态博物馆所提示的观念中，最重

---

[1] "生态博物馆"是法国人雷佛（George Herri Riviere）首先在20世纪70年代提出的观念，他主张将一个完整地域以博物馆的观念来思考，将自然生态与历史古迹统合在现代人的生活整体环境中，整体地展现出来，以达到自然环境、历史古迹保存与增进现代人生活整体环境的目的。

[2] 周真刚，胡朝相.论生态博物馆社区的文化遗产保护[J].贵州民族研究，2002（2）.

要的是区域保护的原则，以及将自然环境与文化遗产在同一环境中保存的基本理念。汶川四地地震遗址遗迹规划与展示利用采用了"生态博物馆"的模式：将汶川四地地震遗址遗迹所处的人文历史环境、自然景观、遗存等动态地保护与展示给公众。

汶川四地地震遗址遗迹对"生态博物馆"理念的运用：

（1）整体性

生态博物馆学家认为，文化遗产、自然景观、建筑、可移动实物、传统风俗等一系列文化因素均有其特定的价值和意义，生态博物馆应是一种保护某种文化整体的手段。汶川四地地震遗址遗迹景观保护规划与展示：北川地震遗址遗迹景观保护规划将北川老县城作为地震遗址予以保留，修建地震博物馆，当地的羌族、藏族文化得到了保留与传承，地震遗址遗迹自然景观也得到了保护，并且当地的传统风俗也得到保护；汉旺镇的东汽汉旺厂曾是一个现代化、交通方便、生活设施齐全的工业园区，工业文化极为丰富，所以汉旺镇地震遗址遗迹景观保护规划与展示将工业文化遗产予以保留，地震遗址遗迹景观得到保护，具有代表性与典型性的工业建筑也得到保存。由此可看出，汶川四地遗址遗迹景观保护规划与展示是从当地的文化遗产、地震遗址遗迹自然景观、建构筑物、传统风俗等方面进行保护规划与展示，具有整体性。

（2）特性化

生态博物馆作为保存和理解某一特定群体的全部文化内涵（即包括物质的，也包括非物质的文化因素）的一种长效保护规划展示方法，而非只拥有一定的藏品和特定的博物馆建筑。汶川四地地震遗址遗迹景观保护规划既规划与展示地震后的自然景观、构筑物等物质内容，也展示了当地的文化遗产等精神内容。这种做法将大大强化"文化特性"这一概念，使人们能够日益加深对特性化的理解。

（3）原始性

生态博物馆是建立在文化遗产应原状地保护和保存在环境之中的基本观点上，而不是将文化遗产搬迁到一个特定的博物馆建筑中，与此同时，这些文化遗产远离了它们的所有者，远离了它们所处的环境。汶川四地地震遗址遗迹保护规划与展示使其当地的文化遗产、具有研究价值的自然遗产原状保存在原环境中，展现了其最原始的状态。

（4）区域性

生态博物馆是以遗址整个区域为展示范围的，在当地政府的财政支持下得以实现的。汶川四地地震遗址遗迹景观保护规划与展示将北川、映秀、汉旺、深溪沟地震遗址遗迹整个区域作为展示范围而非唐山地震遗址公园和中国台湾9·21教育园只是规划与展示局部。区域性保护规划与展示能够更好、更全面地使地震遗址遗迹旅游资源得到更大限度的保护与开发，将地震遗址遗迹多方面地展示给参观者。

需要指出的是，并非所有的遗址都适用于生态博物馆理念，如规模很小的中国台湾9·21教育园或整体环境已经被破坏殆尽的唐山遗址就不能运用此模式，而汶川四地地震遗址遗迹规模较大、范围广，且地震遗址遗迹未被破坏，可充分体现生态博物馆理念。

5.1.2 地震遗址遗迹景观保护规划与展示不足

汶川四地地震遗址遗迹范围较大，摧毁较为严重，在对其进行保护规划与展示时，有些弊端也暴露了出来。

1. 分级分类保护规划与展示尚待完善

由于汶川四地地震遗址遗迹范围广、较为复杂，有必要对其进行分级和分类保护规划与展示。分级保护是为了区分保护工作的缓急轻重，分类保护是为了区分不同的保护对策和方法。

（1）分级保护

由于诸如财力、物力、人力、时间等原因，我们很难对地震遗址遗迹都按同样的标准和方法来进行保护，同时也未必有这样的必要。因此，当务之急就需要建立一套有效的分级保护制度，以针对像汶川这样复杂的地震遗址遗迹进行不同标准的保护工作，这样有助于我们集中力量及时抢救和保护规划一些最重要的地震遗址遗迹。

我国目前对遗址保护通常采用国家级、省级、市（县）级这样的分级保护制度，一般以遗址的科学价值、纪念价值等作为主要的评审标准。由此可见，这样的分级保护制度与评审标准较为宏观，尚需要更具体、更有针对性的评审标准，以对它们进行更有针对性的分级保护。本作者尝试对地震遗址遗迹的分级标准进行细化、具体化，结果详见表5-1。

（2）分类保护

汶川地震遗址遗迹具有非常复杂的特点，在对其规划保护与

表 5-1 地震遗址遗迹分级保护参考标准

	国家级	省级	市县级
文化价值	当地的地域文化在全国乃至世界是稀缺文化	当地的地域文化在全国或一定区域范围内是具有历史价值与特殊意义的文化	当地的地域文化在一定区域范围内是具有保存与传承的文化
纪念价值	地震中有重要人物的牺牲、人员伤亡巨大，或抗震过程中发生了重要事件对当时甚至现今的社会产生了重大影响力	地震中有重要人物的牺牲、人员伤亡较大，或抗震过程中发生的一些事件在当时或当地有较大的影响力	地震中发生的一些事件在当时或当地有一定的影响力，具有较典型的纪念价值
科学价值	地震遗址遗迹中的建构筑物与自然遗迹具有极其重要的科学研究价值	地震遗址遗迹中的建构筑物与自然遗迹具有较为重要的科学研究价值	地震遗址遗迹中的建构筑物与自然遗迹具有相对较弱的科学研究价值
管理机构	国家设专门的管理机构，并设分支机构于各遗址遗迹处，投入相当的财政给予保护、展示利用和研究工作	设置省级管理机构，并投入较多的省财政给予保护、展示利用和研究工作	设置市县级管理机构，管理和保护资金的筹措可兼顾地方财政和民间投资给予保护、展示利用和研究工作

（来源：作者绘制）

展示时可将其分为文化性遗址、纪念性遗址、科普教育遗址遗迹等。当然，一个地震遗址遗迹通常同时包含了文化、纪念、科普教育等特点，如此分类主要针对其某个特点较为明显的地震遗址遗迹。

有必要对它们采取有所侧重的、有针对性的保护对策和展示对策，对此笔者尝试归纳如下，见表 5-2。

表5-2 地震遗址遗迹分类保护参考

	以文化性为主的遗址遗迹	以纪念性为主的遗址遗迹	以科普教育为主的遗址遗迹
主要特点	当地的本土地域、典型特殊文化等，具有保存与传承的意义与价值，通过对文化遗址的解读与研究，可更系统、更全面地规划保护与展示地震遗址遗迹	地震中有人员伤亡较大，或抗震过程中发生的一些事件具有较大的影响力，具有较强的纪念意义与价值，以纪念性场所、建构筑物等为主	地震自然遗迹中的地质研究、次生灾害等和具有研究价值的建构筑物遗址保护与展示，具有对地震知识直观的科普性教育，使地震遗迹规划与展示与其他遗址相比更具特殊性
保护对策	尽量保护本土地域、典型特殊文化等遗址的原真性和完整性，从而最大程度地保护其文化特色，主要可采取原状保养、防护加固、重点文化特色修复等保护措施	充分挖掘和整理相关具有纪念价值的历史事件与人物，并通过纪念物来承载这些历史事件与人物，使其蕴含的精神内涵能得以长期、稳定的延续，以体现其重大纪念价值	尽量保护地震科普教育遗址遗迹的原真性和完整性，主要可采取原状保养、防护加固等保护措施
展示对策	采取原貌展示、修复展示、陈列展示等各种方法突出本土地域、典型特殊文化特色	通过适当设置纪念物如纪念碑、雕塑、纪念馆、墓地等来营造纪念空间，并适时地举行各种纪念仪式和活动，以强化纪念气氛	采取原貌加固展示、覆盖展示、露天展示等各种方法真实直观地展示地震科普教育遗址遗迹

（来源：作者绘制）

由于地震遗址遗迹均同时具备了一定的文化性、纪念性、科普教育性，故在保护与展示中必须综合运用各种对策和方法，有所权衡、有所取舍，以使地震遗址遗迹得到最合理、最有效的保护与展示。

2.适当扩大地震遗址遗迹环境协调区的范围

众所周知，遗址遗迹协调区范围的划定必将对遗址遗迹区及其周边地带经济的发展与人们的生活构成影响。

汶川四地地震遗址遗迹环境协调区只是简单地将其建设控制地带向外扩了 50 ～ 1000 米，依据性并不强。由于汶川地震遗址遗迹范围较大，对其环境协调区的范围可适当地扩大。汶川四地地震遗址遗迹环境协调区范围的划定可通过联系相近特色典型城市或县的片区，从而使汶川四地地震遗址遗迹发展并不孤独地存在，运用片区的发散，互相联系、互相带动震后经济文化发展，以地震遗址遗迹旅游业的发展带动、增加本地区与辐射区的经济收入。

5.2 地震遗址遗迹保护规划与展示可顺利实施的保障

5.2.1 地震遗址遗迹保护规划与展示技术的支撑

　　地震遗址遗迹相应的专业保护规划与展示技术专业问题的分析研究，是汶川遗址遗迹保护规划与展示可顺利实施的技术保障。总的来说，地震遗址遗迹保护规划与展示技术工作及其研究尚处于初级阶段，对如何做好地震遗址遗迹保护规划与展示技术缺乏成功的典范及经验。

　　在汶川地震遗址遗迹保护规划与展示技术方面，缺乏相应的遗址遗迹保护与展示规程和规范。汶川地震遗址遗迹保护规划与展示技术，应以文物保护法规为基础，参考和借鉴相应的标准与规范，建立科学系统的遗址遗迹保护与展示规程和规范，内容应包括保护规划、保护与展示工程设计、施工、监理，以及地震遗址遗迹的环境保护等。

　　汶川地震遗址遗迹保护规划与展示技术层面的支撑，使得保护规划与展示在具体细化和落实实施时更为顺利，并使规划与展示的可行性和有效性最终得以实施，进而使实施的效果更为成功。

对于保护规划与展示中所提及的问题，是必须依靠一个从上至下且完整的技术体系才可以顺利完成的。

5.2.2 地震遗址遗迹保护规划与展示相关法律与政策支撑

地震遗址遗迹保护规划与展示由相关法律与政策作为支撑才能够更顺利实施。

当前有关汶川地震遗址遗迹法律法规覆盖面有限，只有《中华人民共和国防震减灾法》《汶川地震灾后恢复重建条例》和《汶川地震灾后恢复重建城镇体系规划》等，并且其具体内容不够深入细致，灵活性不够，具体措施制定少，可操作性弱，对于重要的地震遗址遗迹缺乏专项法规等，导致许多地震遗址遗迹保护与展示工作处于"无法可依"的状态。

因此，汶川地震遗址遗迹保护规划与展示相关法律与政策的细化、具体化、明确性、可操作性的加强与完善对其地震遗址遗迹保护规划与展示具有重要的价值与意义。

5.2.3 政府部门、专家群体、公众积极合作与支持

地震遗址遗迹相关的政府部门、专家群体、公众的积极配合与支持对汶川地震遗址遗迹不只是停留在形式层面，而是起到积极的具体落实作用。

（1）相关政府部门

形成权威的地震遗址遗迹保护规划与展示管理机构是保护规

划与展示的关键与核心。汶川地震遗址遗迹保护规划与展示是一项复杂的工程，涉及许多部门，如建设管理部门、文物部门、文旅部门等。建立起这些部门统一协调的工作机制是十分必要的。将各个部门形成合力，这是保护工作的关键。在地震遗址遗迹保护规划与展示中，首先，政府部门要起到督促与监督的作用，《中华人民共和国防震减灾法》《汶川地震灾后恢复重建条例》和《汶川地震灾后恢复重建城镇体系规划》等法律与政策应在权威机构的监督下实施，然后应建立汶川地震遗址遗迹保护规划与展示的常设办事机构，明确地震遗址遗迹保护规划与展示的执法主体和规划的实施主体，落实地震遗址遗迹保护规划与展示的责、权、利，理顺纵、横向关系，改变地震遗址遗迹保护规划与展示人人有话可说，又人人无责可负的软弱无力的状况，避免保护与发展的矛盾激化。在整个汶川地震遗址遗迹保护规划与展示的监督与实施过程中，相关政府部门起到统领全局的重要作用。

（2）专家群体

形成一个关注、支持地震遗址遗迹保护规划与展示的顾问专家群体，专家群体是政府部门、市场、公众等各利益团体之间的协调者。在汶川地震遗址遗迹保护规划和展示利用过程中离不开专家的指导和参与，他们是科学决策的重要参与者，因此要注重职业道德操守和承担起社会责任，其核心工作是汶川地震遗址遗迹保护规划和展示利用的研究、保护与开发、文化资源挖掘等，使得汶川地震遗址遗迹的社会效益、经济效益、生态效益等得到可持续的发展。

（3）公众

公众是地震遗址遗迹保护规划与展示的重要的参与者与反馈者。汶川地震遗址遗迹保护规划与展示应该以人为本。公众的建议与利益至关重要，特别是汶川地震遗址遗迹区的居民生存状态，不应因地震旅游业的发展而使其受到不良的影响。应对汶川遗址内的居民进行教育和培训，使其认同遗址遗迹保护规划与展示的价值与意义，增强对地震遗址遗迹的归属感和责任心，并最终将自己纳入汶川遗址遗迹保护和展示的范围。需要特别注意的是，发展是人权，以获得地方发展牺牲当地居民利益来实现的规划是不可取的。

相关政府、专家群体、公众三者的权利、义务、责任、任务和工作的明确能够促使汶川地震遗址遗迹保护规划与展示的具体落实顺利进行。

5.3 小结

　　由于汶川地震遗址遗迹与以往的地震遗址遗迹相比有其特殊性——范围较大，摧毁严重等因素，本章归纳出对汶川地震遗址遗迹景观保护规划与展示的优点与不足之后，从技术层面、法律政策层面、"人"的层面对汶川地震遗址遗迹保护规划与展示顺利实施提出参考性建议。本章归纳总结了汶川四地地震遗址遗迹保护规划与展示利用的优点与不足和对其顺利实施的保障，对汶川地震遗址遗迹景观保护规划与展示的完善与深入具有重要的价值与意义。

结　语

1. 研究成果

国内对地震遗址遗迹景观保护规划与展示利用方面的研究刚刚起步，虽然地质学、社会学、旅游学、城市学、生态学等学科都以各自的专业为基点，从不同的角度对地震遗址遗迹景观进行了研究，但缺乏整合，还没有形成系统的、完善的地震遗址遗迹保护规划与展示理论。根据本书的研究，笔者就汶川地震遗址遗迹景观保护规划与展示的研究过程中初步得到以下几点收获：

（1）从基础概念分析到对其含义的综合阐述，得出地震遗址遗迹的初步概念；分析与研究了地震遗址遗迹景观保护规划分类与意义，对地震遗址遗迹景观含义、分类、意义等具有梳理整合价值。

（2）本书在收集资料和实地考察的基础上，对地震遗址遗迹保护规划思路与方法进行了有益探索和思考，并将动态地震遗址遗迹保护规划方法与总结的保护规划思路构架运用到汶川地震遗址遗迹保护规划中；展示方面，从展示内容、展示方法、空间展示结构、内涵展示、美学意向展示等方面对展示利用模式进行专项分析研究，将其研究理论运用到汶川地震遗址遗迹展示利用中，具有一定的指导意义。

（3）探讨归纳总结汶川四地地震遗址遗迹保护规划与展示利用的优点与不足和对其顺利实施的保障，对汶川地震遗址遗迹景观保护规划与展示的完善与深入具有重要的价值与意义。

（4）论述结构在论证逻辑上是层层递进的关系：从地震遗址遗迹景观概念分析到对其保护规划与展示利用理论研究，然后将理论运用于汶川四地地震遗址遗迹保护规划研究与展示利用中，最后探讨归纳总结汶川四地地震遗址遗迹保护规划与展示利用的优点与不足和对其顺利实施的保障，分析不断深入，研究逐渐细化，条理清晰，既有宏观理论研究，又有具体实践操作措施。汶川四地地震遗址遗迹保护规划与展示利用，从理论研究到实践运用又回到理论的反思，具有很大的实用价值。

2. 本研究的不足之处与尚需解决的问题

地震遗址遗迹景观保护规划与展示利用的研究涉及诸多学科领域，由于作者的能力所限，论述存在许多不足之处，这些遗留问题需要进一步深入研究加以解决：

（1）由于地震遗址遗迹景观保护规划理论本身的欠缺，对许多概念仍然处在研究探讨与交流磨合阶段，本书在梳理时往往偏于求全，缺乏甄别。

（2）由于掌握的资料有限，对目前地震遗址遗迹保护规划分析不足甚至不够准确，进而使得具体保护规划方法与思路构架归纳不够全面。

（3）地震遗址遗迹展示利用研究上，缺乏对其更深入的展示方法探讨与更具体的措施总结归纳，在汶川地震遗址遗迹展示利用操作性上还有待进一步的完善与提高。

地震遗址遗迹景观保护规划与展示利用问题内容相当广泛，本书中有关问题的研究不够深入，还有待完善，希望得到各位专家的斧正。本书的撰写不仅旨在为地震遗址遗迹景观保护规划与展示利用做出一点贡献，更重要的是唤起人们对地震遗址遗迹景观的关注，从而使有关地震遗址遗迹景观的研究不断向纵深发展。

参考文献

中文文献

[1] 周岚 . 城市空间美学 [M]. 南京：东南大学出版社，2009.

[2][丹麦] 扬·盖尔 . 交往与空间 [M]. 北京：中国建筑工业出版社，2002.

[3][丹麦] 扬·盖尔，拉尔斯·吉姆松 . 新城市空间 [M]. 北京：中国建筑工业出版社，2003.

[4] "5·12"汶川地震遗址、遗迹保护及地震博物馆规划建设方案 .

[5] 朱文一 . 空间符号城市 [M]. 北京：中国建筑工业出版社，2003.

[6] 崔恺 . 遗址博物馆设计浅谈 [J]. 建筑学报，2009（5）.

[7] 梁乔，梁华 . 遗址博物馆——遗址展示空间意象创造 [J]. 四川建筑，2002（2）.

[8] 邱建 . 汶川地震对我国公园防灾减灾系统建设的启示 [J]. 城市规划，2008（11）.

[9] 邱建 . 汶川地震震中映秀镇灾后重建规划思路 [J]. 规划师，2009（5）.

[10] 林娜 . 北川国家地震遗址博物馆欲耗资引发争议 [J]. 建筑创作，2009（05）.

[11][日] 坪井清足 . 日本考古遗迹的保护 [J]. 北方文物，1996（4）.

[12] 田林 . 大遗址遗迹保护问题研究 [D]. 天津：天津大学，2004.

[13] 吴晓隽 . 现代旅游活动与文化遗产保护 [D]. 杭州：浙江大学，2002.

[14] 孙霄.遗址类型研究 [J].中国博物馆，1997（1）.

[15] 喻学才.遗址论 [J].东南大学学报（哲学社会科学版），2001（2）.

[16] 陆建松.中国大遗址保护的现状、问题及政策思考 [J].复旦大学学报（社会科学版），2005（6）.

[17] 潘江.中国的世界文化与自然遗产 [M].北京：地质出版社，1995.

[18] 国家环境保护局政策法规司.中国缔结和签署的国际环境条约集 [Z].北京：学苑出版社，1997.

[19] 苏伯民.国外遗址保护发展状况和趋势 [J].中国文化遗产，2005（1）.

[20] 王军.他山之石：日本的遗址公园 [N].中国文物报，2000-8-6（5）.

[21] 林永匡.遗产保护必须走创新之路 [N].中国旅游报，2003-9-3.

[22] 霁虹.论历史遗址的保护和开发与旅游文化 [J].黑龙江社会科学，2004（3）.

[23] 陈耀华，赵星烁.中国世界遗产保护与利用研究 [J].北京大学学报（自然科学版），2003（4）.

[24] 方淳.旅游对中国世界遗产地的影响 [J].北京第二外国语学院学报，2004（1）.

[25] 阮仪三，林林.文化遗产保护的原真性原则 [J].同济大学学报（社会科学版），2003（2）.

[26] 檀馨.元土城遗址公园的设计 [J].中国园林，2003（11）.

[27] 王世仁.为保存历史而保护文物——美国的文物保护理念 [J].世界建筑，2001（1）.

[28] 王志芳，孙鹏.遗产廊道——一种较新的遗产保护方法 [J].中国园林，2001（5）.

[29] 魏小安，等.发展旅游和遗产保护能否"双赢" [J].中国旅游报，2002-12-11（4）.

[30] 吴淑琴，石晓冬.用城市规划手段保护圆明园遗址——从《圆明园遗址公园规划》的编制谈起 [J].北京规划建设，2000（6）.

[31] 陶伟.中国世界遗产的可持续旅游发展研究 [M].北京：中国旅游出版社，2001.

[32] 清水正之.公园绿地与阪神・淡路大地震 [J].城市规划，1999（10）.

[33] 陈刚.从阪神大地震看城市公园的防灾功能 [J].中国园林，1996（12）.

[34] 芦原义信.外部空间设计 [M].尹培桐，译.北京：中国建筑工业出版社，1985.

[35] 阮仪三，王景慧，王林.历史文化名城保护理论与规划 [M].上海：同济大学出版社，1999.

[36] 李其荣.城市规划与历史文化保护 [M].南京：东南大学出版社，2003.

[37] 罗佳明.中国世界遗产管理体系研究 [M].上海：复旦大学出版社，2004.

[38] 吕维涛，许东亮.地震遗址实物档案的保护与利用 [J].档案天地，2006（4）.

[39] 姜乃力，李刚，郑晓非，等.日本城市防灾减灾的经验与启示 [J].世界地理研究，2004（4）.

[40] 杨文斌，韩世文.地震应急避难场所的规划建设与城市防灾 [J].自然灾害学报，2004（2）.

[41] 王德刚.试论旅游学的学性性质 [J].旅游学刊，1998（2）.

[42] 延军平.灾害地理学 [M].西安：陕西师范大学出版社，1989.

[43] 陈龙，等.唐山市地震遗址的生态保护与利用方法研究 [J].山西建筑，2008（1）.

[44] 何年.重庆黔江小南海——地震堰塞湖 [J].城市与减灾，2001（5）.

[45] 邹盛贵，蔡书良.关于西南地区灾变迹旅游资源开发的思考 [J].重庆教育学院学报，2003（5）.

[46] 梁航林，杨昌鸣.中国城市化进程中文化遗产保护对策研究——文化遗产的动态保护观 [J].建筑师，2006（2）.

[47] 周绪纶.叠溪地震的今昔——为建立叠溪地质公园进言 [J].四川地质学报，2003（9）.

外文文献

[48]Alain Marinos.Practice in Reappearance of the value of Urban Cultural Heritage in France[J].Time Architecture, 2000（1）.

[49]Peter Howard, David Pinder.Cultural heritage and Sustainability in the Coastal Zone: Experiences in Southwest England[J].Journal of Cultural Heritage, 2003（6）.

[50] 柏原士郎，上野淳，森田孝夫.阪神・淡路大震災における避难所の研究 [M].大阪：大阪大学出版社，1998.

图书在版编目（ＣＩＰ）数据

城市修复与更新：地震遗址遗迹景观保护规划及展示利用 /
周雅 著 . -- 上海：东华大学出版社 ,2021.8

ISBN 978-7-5669-1948-9

Ⅰ.①城… Ⅱ.①周… Ⅲ.①地震－文化遗址－景观保护
②地震－文化遗址－景观规划 Ⅳ.① P315.99

中国版本图书馆 CIP 数据核字 (2021) 第 154751 号

责任编辑　赵春园
封面设计　CC

城市修复与更新：地震遗址遗迹景观保护规划及展示利用
著　　者：周　雅
出　　版：东华大学出版社
（上海市延安西路 1882 号　邮政编码：200051 ）
出版社网址：dhupress.dhu.edu.cn
天猫旗舰店：http://dhdx.tmall.com
营销中心：021-62193056　62373056　62379558
印　　刷：上海盛通时代印刷有限公司
开　　本：880 mm × 1230 mm　1/32　印　张：4.875
字　　数：180 千字
版　　次：2021 年 8 月第 1 版
印　　次：2021 年 8 月第 1 次
书　　号：ISBN 978-7-5669-1948-9
定　　价：68.00 元